接口自动化测试
持续集成
Postman + Newman + Git + Jenkins + 钉钉

Storm 编著

人民邮电出版社

北京

图书在版编目（CIP）数据

接口自动化测试持续集成：Postman+Newman+Git+Jenkins+钉钉 / Storm编著. -- 北京：人民邮电出版社，2019.2（2023.11重印）
ISBN 978-7-115-50341-1

Ⅰ. ①接… Ⅱ. ①S… Ⅲ. ①软件工具－自动检测 Ⅳ. ①TP311.561

中国版本图书馆CIP数据核字(2018)第302946号

内 容 提 要

本书主要讲解接口自动化测试以及接口测试工具 Postman 的使用等相关内容。第 1 章介绍了接口测试基础知识，包括接口测试背景、接口基础知识、接口测试流程、接口文档系统等内容；第 2～5 章介绍了 Postman 工具的基本用法和高级用法，包括 Postman 工具介绍、Postman 基本操作、Postman 集合、Postman 脚本的应用等内容，帮助读者学习借助该工具完成接口测试的方法；第 6～7 章介绍了 Jenkins、GitHub 和钉钉等工具的基本用法，以及如何借助这些工具实现接口测试自动化和持续集成；第 8 章通过实际项目复习前 7 章所学内容，帮助读者从整体上深入领会接口自动化测试持续集成的内容精要。

不管是测试工程师、测试经理，还是其他对测试技术感兴趣的人员，均可以通过本书学习相关知识。

◆ 编　著　Storm
责任编辑　李　莎
责任印制　马振武

◆ 人民邮电出版社出版发行　北京市丰台区成寿寺路11号
邮编　100164　电子邮件　315@ptpress.com.cn
网址　http://www.ptpress.com.cn
北京天宇星印刷厂印刷

◆ 开本：700×1000　1/16
印张：20.25　　　2019年2月第1版
字数：220千字　　2023年11月北京第22次印刷

定价：65.00元

读者服务热线：(010)81055410　印装质量热线：(010)81055316
反盗版热线：(010)81055315
广告经营许可证：京东市监广登字 20170147 号

序 PREFACE

子龙前段时间突然找到我，想让我给他写序，我不禁心中感慨万千。想想子龙从我的课堂毕业到现在出版图书，还不到3年的时间！我欣赏子龙这些年在技术方面的学习和钻研精神，也钦佩他百忙之余还能将工作中的经验和知识总结出来，进行分享和传播。

近年来，测试技术飞速发展，公司对测试人员的要求也越来越高。测试已经从原本的纯业务测试发展到接口自动化测试、开发测试、性能测试等，总体呈现出复杂化、多元化的特点。其中，接口测试是走向自动化测试和性能测试的必经之路，也是目前测试人员经常接触到的工作之一。

接口可以分为内部接口和外部接口。内部接口是服务器端内部代码交互时用到的接口，如白盒测试就是测试内部接口；外部接口是客户端与服务器端交互时用到的接口，如HTTP接口。技术人员进行接口测试时，经常采用Postman、JMeter、SoapUI、Insomnia等工具，其中使用较为频繁的工具是Postman。

在百测（BestTest）的测试答疑群里，很多人提出类似"HTTP接口测试怎么做""接口自动化怎么做""接口自动化持续集成怎么做"等问题，这也是近年来技术人员在接口测试工作中遇到的亟待详尽解答的问题。子龙根据自己学习和工作的积累和心得，介绍了接口测试的基础知识、接口测试工具Postman的基本使用、Postman脚本的应用、接口自动化测试持续集成等焦点问题，并且通过项目实战，帮助读者融会贯通，学习致用。

我很高兴能为如此优秀的学生作序，也十分期待本书的出版，希望读者能通过学习本书使自己在接口测试及接口自动化测试方面的能力得到提升。同时，也希望技术人员能以本书为平台，更好地探讨接口测试的技术和方法，不断提高软件测试水平。

百测（BestTest）软件测试创始人、网易测试专家

安大叔

前言 FOREWORD

软件测试是软件开发的重要组成部分，是贯穿整个软件生命周期，对软件产品进行验证和确认的活动过程，其目的是尽早发现软件产品中存在的各种问题，如与用户需求、预先定义不一致等问题。随着技术的发展，测试从手工向自动化转变，从用户界面（User Interface，UI）层测试向单元测试靠拢。接下来，先回顾几个概念。

单元测试：对软件中的最小可测试单元进行检查和验证。具体来说就是开发者编写一小段代码，用于检验被测代码的一个很小的、很明确的功能是否正确。通常而言，一个单元测试是用于判断某个特定条件（或者场景）下某个特定函数的行为。

集成测试：它是在单元测试的基础上，将所有的软件单元按照概要设计规格说明的要求组装成模块、子系统或系统，并测试该过程中各部分工作是否达到或实现相应技术指标及要求。也就是说，在集成测试之前，单元测试应该已经完成。这一点很重要，因为如果不经过单元测试，那么集成测试的效果将会受到很大影响，并且会大幅增加软件单元代码纠错的代价。

系统测试：将需测试的软件，作为整个基于计算机系统的一个元素，与计算机硬件、外设、某些支持软件、数据和人员等其他系统元素及环境结合在一起测试。系统测试的目的在于通过与系统的需求定义作比较，发现软件与系统定义不符合或与之矛盾的地方。

再来看看经典的测试分层金字塔图。

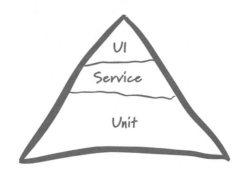

其中Unit代表单元测试，Service代表服务集成测试（或接口集成测试），UI代表页面系统测试。单元测试需要强大代码能力，很多测试人员还没有能力去执行，因此目前大多数公司还处于开发自测的阶段；随着开源UI自动化测试框架Selenium的发展，Web UI自动化测试近几年已趋于成熟（Appium是移动端UI自动化测试的代表框架），但其有3个明显的缺点：第一，UI测试介入测试时机较晚，修复发现的漏洞成本较大；第二，UI测试很难发现底层逻辑问题；第三，页面元素经常变换，导致自动化产出、投入比偏低；而这些恰恰是接口自动化测试所能解决的问题。关于接口自动化测试，目前在业内有两大类解决方案，一类是通过代码编写接口测试框架，实现接口自动化测试，其要求测试人员掌握扎实的编程基础；另一类是借助接口测试工具，配合Postman等集成工具实现接口自动化测试持续集成。前者更灵活，但后者的学习成本更低，适合新人上手。接口测试工具有很多，其中Postman安装简单、使用方便、功能强大，另外，这也是开发人员常用的接口调试工具，使用相同的工具测试出来的问题就更有说服力了。本书将借助该工具，带领大家了解接口测试持续集成的流程。

目前，很多项目都需要执行接口测试，很多读者也想了解接口测试方面的知识，但市面上与接口测试相关的书却很少，于是我根据自己的学习经验和工作积累写了这本书。

读者在了解了基本概念，理解了接口测试原理后，下载并安装Postman工具，跟随书中的示例进行练习，并把自己所学知识应用到目前从事的项目中。

由于本人水平有限，广大读者在学习过程中，如发现任何疑问，可发邮件至apitest100@163.com，期待得到你的真挚反馈，让我们在技术之路上共同进步。

感谢天怡和其他编辑老师的耐心指导；感谢读者的信任；感谢BestTest测试培训机构提供的接口项目示例；感谢安大叔的教导；感谢家人的大力支持。

Storm

目录 CONTENTS

Chapter 1 接口测试基础知识

1.1 接口测试背景   2
1.2 接口基础知识   3
    1.2.1 接口的定义   4
    1.2.2 接口的分类   4
    1.2.3 HTTP   5
    1.2.4 HTTP请求   6
    1.2.5 HTTP响应   9
1.3 接口测试流程   11
1.4 接口文档系统   13
    1.4.1 ShowDoc简介   13
    1.4.2 ShowDoc部署   14
    1.4.3 接口测试文档示例   16

Chapter 2 初识Postman工具

2.1 安装Postman 19
2.2 Postman工具简介 24
2.3 Postman账号 37
2.4 Postman同步 39
2.5 Postman设置 41
2.6 发送第一个请求 45
2.7 将请求保存到集合 47

Chapter 3 Postman基本操作

3.1 API请求与响应 49
3.2 API授权、Cookies和证书 70
3.3 抓取HTTP请求 78
3.4 拦截器 80
3.5 代理 83
3.6 生成代码片段 87
3.7 Postman Echo 89

3.7.1 请求方法　　89

3.7.2 Headers　　95

3.7.3 认证方法　　96

3.7.4 Cookies操作　　99

Chapter 4　Postman集合

4.1 变量　　102

  4.1.1 变量的概念　　102

  4.1.2 管理环境变量　　103

  4.1.3 管理和查看全局变量　　106

4.2 集合　　108

  4.2.1 创建集合　　108

  4.2.2 共享集合　　111

  4.2.3 管理集合　　112

  4.2.4 导入/导出文件　　114

4.3 集合执行　　118

  4.3.1 集合运行参数　　118

  4.3.2 使用环境变量　　121

  4.3.3 使用数据文件　　124

  4.3.4 迭代运行集合　　128

  4.3.5 创建工作流　　130

  4.3.6 分享集合运行结果　　133

  4.3.7 集合运行排错　　134

Chapter 5 Postman脚本的应用

5.1 脚本介绍   139

5.2 预请求脚本   143

5.3 测试脚本   150

    5.3.1 Tests基础知识   150

    5.3.2 脚本示例   152

    5.3.3 脚本进阶   162

    5.3.4 pm对象   166

5.4 分支和循环   174

5.5 Postman Sandbox   175

5.6 Newman   178

    5.6.1 安装Newman   178

    5.6.2 Newman选项   180

    5.6.3 集合运行排错   182

    5.6.4 定制报告   183

Chapter 6 Jenkins、Git与钉钉

6.1 Jenkins 187
    6.1.1 部署Jenkins 188
    6.1.2 管理插件 194
    6.1.3 创建项目 197
    6.1.4 配置项目运行频率 201
    6.1.5 配置邮件发送 202
6.2 Git 207
    6.2.1 什么是Git 207
    6.2.2 安装Git 209
    6.2.3 Git常用命令 210
    6.2.4 GitHub远程仓库 222
    6.2.5 搭建GitLab 227
6.3 钉钉 228
    6.3.1 钉钉简介 229
    6.3.2 集成Jenkins 231

Chapter 7 接口测试持续集成

7.1　整合GitHub　　235
7.2　整合Jenkins　　238
7.3　整合钉钉　　240

Chapter 8 项目接口测试实战

8.1　项目介绍　　243
　　8.1.1　项目部署　　243
　　8.1.2　查看接口文档　　245
8.2　编写接口测试文档　　250
　　8.2.1　编写接口测试计划　　251
　　8.2.2　编写接口测试用例　　257
8.3　执行接口测试　　267
　　8.3.1　从Postman执行接口测试　　267
　　8.3.2　从Newman执行接口测试　　306
8.4　接口自动化测试持续集成实战　　307
　　8.4.1　通过GitHub维护测试文件　　308
　　8.4.2　配置Jenkins自动化测试任务　　309
　　8.4.3　接收自动化测试结果　　311

Chapter 1
接口测试基础知识

越来越多的公司在招聘测试人员时，要求应聘的人员从事过接口测试相关工作。那么，什么是接口测试？为什么要进行接口测试？如何进行接口测试？本章将详细讲解接口测试基础知识，相信学完本章内容，读者将会得到这些问题的答案。

1.1 接口测试背景

应用程序编程接口（Application Programming Interface，API）是近年来最流行的技术之一，强大的Web应用程序和领先的移动应用程序都离不开后端强大的API。API技术的应用给系统开发带来了便利，但也对测试人员提出了更高的要求，如何以一种有效的方式测试这些API，并且确保它们按照预期运行，是目前测试人员面临的主要问题。

大多数互联网公司和团队都在实施敏捷开发项目，在敏捷开发产品的生命周期中，测试人员需要一种简单、快捷的方法自动化测试API，甚至希望能够监控生产环境API（线上环境）的实时状况。

本书将介绍一套完整的接口自动化测试解决方案，帮助读者快速了解和掌握该方案，并顺利应用到实际项目中。

近年来项目开展接口测试的比例逐年上升，如图1-1所示。

图1-1　受访者所在项目开展接口测试比例统计

图1-1反映出从事接口测试工作的人员越来越多，应用接口测试的项目也越来越多。

1. 接口测试的必要性

目前，软件系统的复杂度不断上升，传统功能测试的片面性及滞后性导致测试成本急剧增加，且测试效率大幅度下降，仅靠功能测试已难以保证项目质量及进度。

而接口测试的应用，恰好能使测试团队更早、更深入地介入项目，这样测试人员在项目初期就能发现系统深层次的问题，降低问题修复的时间成本。同时，由于接口的变更概率远远小于用户界面（User Interface,UI）的变更概率，因此，接口测试自动化维护成本比UI自动化维护成本更低，接口测试相对更容易实现自动化测试持续集成，且可以减少回归测试的人力与时间成本，缩短测试周期，满足后端快速发布版本的需求。持续集成是接口测试低成本、高收益的根源，是接口测试的灵魂。

2．接口测试的原理

测试人员借助工具模拟客户端向服务器端发送请求报文，服务器端接收请求报文后，对相应的报文做出处理并向客户端返回应答，工具模拟客户端接收应答，然后测试人员检查应答是否准确，这就是接口测试的原理。

3．接口测试的范围

关于接口测试的范围，主要从以下两方面进行介绍。

（1）是否所有的接口都需要测试？

随着系统复杂度越来越高，接口越来越多，想完全覆盖所有接口是一件很困难的事情。通常情况下，主要测试最外层的两类接口：数据进入系统的接口（调用外部系统的参数为本系统使用）和数据流出系统的接口（验证系统处理后的数据是否正常）。

（2）被测接口需要测试哪些方面？

测试人员需要关注被测接口的功能是否实现、性能是否达标、安全性是否满足，重点关注数据的交换、传递、处理次数以及控制管理过程。

1.2 接口基础知识

进行接口测试，首先需要了解什么是接口，下面将详细讲解接口的基础知识。

1.2.1　接口的定义

两个不同的系统或者一个系统中两个不同的功能，它们之间相互连接的部分称为接口。

在软件测试中，常说的接口一般有两种：图形用户接口（Graphical User Interface，GUI），它是人与程序的接口；应用程序编程接口（Application Programma Interface，API），本书中提到的接口特指API。

API是一组定义、程序及协议的集合，API可实现计算机软件之间的相互通信。API 的一个主要功能是提供通用功能集。程序员通过使用 API 函数开发应用程序，从而可以避免编写无用程序，减轻编程任务。很多公司将开发岗位分为前端工程师和后端工程师，他们之间相互配合完成工作。一般来说，他们会协商接口的定义方式，其中一方定义接口（一般由后端工程师定义接口），另一方来调用接口，以实现预期功能。

前后端分离是近年来Web应用开发的一个发展趋势。这种模式具有以下优势。

① 后端工程师不用精通前端技术（如HTML、JavaScript或CSS），只专注于数据的处理，对外提供API即可。

② 前端工程师的专业性越来越强，其通过API获取数据，并专注于页面设计。

③ 前后端分离可扩大接口的应用范围，开发的接口可以应用到Web页面上，也可以应用到App上。

1.2.2　接口的分类

依据所遵循协议的不同，常见接口可以分为以下3类。

（1）HTTP接口，它是基于超文本传输协议（HyperText Transfer Protocol，HTTP）开发的接口，但并不能排除没有使用其他协议。

（2）Web Service接口，它是系统对外的接口，比如你要从别的网站或服务器上获取资源，一般来说，别人不会把数据库共享给你，他们会提供一个他们写好的方法，让你用来获取数据，你使用他们写好的方法就能引用他们提供的接口，从而达到同步数据的目的。

（3）RESTful接口，简称为REST，其描述了一个架构样式的网络系统，核心是面向资源。REST专门针对网络应用设计和开发方式，降低开发的复杂性，提高系统的可伸缩性。

基于浏览器/服务器模式（Brower/Server，B/S）的软件系统接口大多数为HTTP接口，因此，本书将重点介绍HTTP接口的测试方法。要测试HTTP接口，首先需要了解HTTP、HTTP请求和响应的相关知识。

1.2.3 HTTP

HTTP是应用最为广泛的网络协议之一，所有的万维网文件都必须遵守这个标准。设计HTTP的目的是为了提供一种发布和接收HTML页面的方法。1960年德特·纳尔逊（Ted Nelson）构思了一种通过计算机处理文本信息的方法，并称之为超文本（HyperText），这成为HTTP标准架构的发展根基。Ted Nelson组织协调万维网联盟（World Wide Web Consortium，W3C）和互联网工程任务组（The Internet Engineering Task Force，IETF）共同合作研究，最终发布了一系列请求评议（Request For Comments，RFC），其中著名的RFC 2616定义了HTTP 1.1。

HTTP的主要特点可概括为如下几点。

（1）支持客户端/服务器模式。客户端向服务器请求服务时，只需传送请求方法和路径。常用的请求方法有GET、POST。每种方法规定的客户端与服务器联系的类型不同。

（2）简单。由于HTTP简单，服务器的程序规模小，因而通信速度比较快。

（3）灵活。HTTP允许传输任意类型的数据对象。正在传输的类型由Content-Type加以标记。

（4）无连接。限制每次连接，使其只处理一个请求。服务器处理完客户端的请求，并收到客户端的应答后，即断开连接。采用这种方式可以节省传输时间。

（5）无状态。HTTP是无状态协议，无状态是指协议对于事务处理没有记忆能力。缺少状态意味着如果后续处理需要前面的信息，则必须重新上传，这样可能导致每次连接传送的数据量增大，如果服务器不需要前面的信息，则应答就会比较快。

1.2.4　HTTP请求

HTTP请求包含4个部分，分别是统一资源定位符、方法（Method）、头（Headers）和体（Body）。

1. 统一资源定位符

统一资源定位符（Uniform Resource Locator，URL）是用于完整地描述互联网上网页和其他资源地址的一种标识方法。URL给资源的位置提供一种抽象的表示方法，并用这种方法给资源定位。只要能够对资源定位，用户就可以对资源进行各种操作，如存取、更新、替换和查看属性等。这里的"资源"是指在互联网上可以被访问的任何对象，包括目录、文件、图像、声音等，URL相当于文件名在网络范围的扩展。由于访问不同资源所使用的协议不同，所以URL还给出了访问某个资源时所使用的协议。URL的一般形式为"<协议>://<主机>:<端口>/<路径>/<文件名>"。

其中，"<协议>"指出获取该互联网资源所使用的协议，HTTP请求使用的是HTTP，除此之外，还有文件传输协议（File Transfer Protocol，FTP）；在"<协议>"后面必须写上"://"，不能省略；"<主机>"指出万维网文档是在哪一个主机上，可以给出域名，也可以给出IP地址；"<端口>"为服务器监听的端口，HTTP默认为80端口，FTP默认为21端口；"<路径>"和"<文件名>"进一步给出资源在服务器上的位置，但是它们的名称是虚拟的，和服务器上的物理名称可能不同。

对于动态网页，用户通常还需要给服务器提供访问动态网页的参数。因此，URL后面还可以跟上一个英文问号，问号的后面以"参数名称=参数值"的形式给出多组参数，每组之间用符号"&"分隔，称之为查询串（Query String）。具体形式为"<协议>://<主机>:<端口>/<路径>/<文件名>?<参数1>=<值1>&<参数2>=<值2>",如https://www.baidu.com/s?×××=top1000&wd=postman&rsv_idx=2(虚拟地址)。

打开百度浏览器,在搜索框中输入"Postman",搜索后的界面如图1-2所示。此界面地址栏中的内容与上述虚拟地址相似。

图1-2 接口请求结果

2. Method

HTTP定义了与服务器交互的不同方法(Method),基本方法有4种,分别是GET、POST、PUT和DELETE。可以这样理解:URL地址用于描述一个网络上的资源,而HTTP中的GET、POST、PUT和DELETE方法对应着这个资源的"查""改""增""删"操作,即GET一般用于获取、查询资源信息,而POST一般用于更新资源信息等。

除了上面介绍的4种方法,HTTP请求还包含PATCH、COPY、HEAD、OPTIONS、LINK、UNLINK、PURGE、LOCK、UNLOCK、PROPFIND、VIEW等方法,至于这些方法的具体含义,读者可自行查阅相关资料,因为在进行接口测试的时候，遇到这些接口方法的概率非常小，而且即便遇到了，也可以借助Postman工具（后面章节将详细介绍）构造出相应请求。

关于HTTP请求，GET方式和POST方式有什么区别呢？这一点在面试中也经常会遇到，具体如下。

（1）提交数据的方式不同

① GET。请求的数据会附在URL之后（即把数据放置在HTTP协议头＜request-line＞中），以"?"（英文问号）分隔URL和传输数据，多个参数用"&"连接，如login.action?name=hyddd&password=idontknow&verify=%E4%BD%A0 %E5%A5%BD（某个URL的其中一部分）。如果数据是英文字母、数字，则直接发送；如果是空格，则转换为"+"后发送；如果是中文、其他字符，则会用Base64加密字符串，得出"%E4%BD%A0%E5%A5%BD"后发送。

② POST。把提交的数据放置在HTTP包的请求体＜request-body＞中。

因此，使用GET方式提交的数据会在地址栏中显示出来，而使用POST方式提交的数据不会在地址栏中显示。

（2）传输数据的大小不同

虽然HTTP没有对传输的数据大小进行限制，HTTP规范也没有对URL的长度进行限制，但是在实际开发中还会存在一些限制。

① GET。特定浏览器和服务器对URL的长度有限制，如IE对URL长度的限制是2 083Byte。其他浏览器，如FireFox，其限制取决于操作系统。因此，使用GET方式提交时，传输的数据就会受到URL长度的限制。

② POST。此方式由于不是通过URL传值，理论上数据不受限制。但实际上，各个Web服务器会规定对使用POST方式提交的数据大小进行限制，Apache、IIS 6.0都有各自的配置。

（3）安全性不同

POST方式比GET方式的安全性更高。例如，通过GET方式提交数据，用户名和密码将以明文的形式出现在URL上，由于登录页面有可能被浏览器缓存，因此，其他人通过查看浏览器的历史记录，就可能知道你的账号和密码。

3. Headers和Body

HTTP报文是面向文本的，报文中的每一个字段都是ASCII码串，各个字段的长度是不确定的。HTTP请求报文由请求行、头、空行和请求数据4个部分组成，请求报文的一般格式如下。

```
<request-line>
<headers>
<blank line>
[<request-body>]
```

1.2.5 HTTP响应

将HTTP请求发送到服务器后,服务器会给出相应的应答，服务器返回的应答消息称为HTTP响应。

1. HTTP响应报文

HTTP响应报文由3个部分组成，分别是状态行、消息报头和响应正文。HTTP响应的格式与请求的格式十分类似，具体格式如下。

```
<status-line>
<headers>
<blank line>
[<response-body>]
```

响应报文和请求报文的区别在于第一行中用状态信息代替了请求信息。状态行通过提供一个状态码来说明所请求的资源情况。

状态行格式为HTTP-Version Status-Code Reason-Phrase CRLF。其中，HTTP-Version表示服务器HTTP的版本；Status-Code表示服务器返回的响应状态代码；Reason-Phrase表示状态代码的文本描述;CRLF表示一个回车符和一个换行符。状态代码由3位数字组成，第一个数字定义了响应的类别，它有如下5种取值可能。

1××：指示信息，表示请求已接收，继续处理。

2××：成功，表示请求已被成功接收、理解和接受。

3××：重定向，要完成请求必须进行更进一步的操作。

4××：客户端错误，请求有语法错误或请求无法实现。

5××：服务器错误，服务器未能实现合法的请求。

以下对常见状态代码和状态描述进行说明。

200 OK：客户端请求成功。

400 Bad Request：客户端请求有语法错误，不能被服务器所理解。

401 Unauthorized：请求未经授权。

403 Forbidden：服务器收到请求，但是拒绝提供服务。

404 Not Found：请求资源不存在，如输入了错误的URL。

500 Internal Server Error：服务器发生不可预期的错误。

503 Server Unavailable：服务器当前不能处理客户端的请求，一段时间后可能恢复正常。

图1-3为一个HTTP响应报文示例。

```
HTTP/1.1 200 OK
Date: Sat, 23 Dec 2017 23:59:59 GMT
Content-Type: text/html;charset=ISO-8859-1
Content-Length: 122

<html>
<head>
<title>Storm</title>
</head>
<body>
<!-- body goes here -->
</body>
</html>
```

图1-3 响应报文

2. JSON

（1）JS对象标记的定义

JS对象标记（JavaScript Object Notation, JSON）是一种轻量级的数据交换格式。它基于ECMAScript（W3C制定的JavaScript规范）的子集，采用完全独立于编程语言的文本格式来存储和表示数据。简洁和清晰的层次结构使得JSON成为理想的数据交换语言,其易于阅读和编写,同时也易于机器解析和生成,并能有效地提升网络传输效率。因此,HTTP接口响应一般为JSON格式。

(2)JSON语法规则

JSON语法规则包括用大括号保存对象、用键值对表示对象、用逗号分隔每个对象、用中括号保存数组。

(3)JSON 示例

```
{"name": "storm", "age": "32", "sex": "male"}
```

1.3 接口测试流程

接口测试一般遵循如下流程,细节部分可根据实际项目情况进行调整。

1. 编写接口测试计划

接口测试计划和功能测试计划的目标一致,都是为了确认需求、确定测试环境及测试方法,为设计测试用例做准备,初步制定接口测试进度方案。一般来说,接口测试计划包含概述、测试资源、测试功能及重点、测试策略、测试风险、测试标准。

2. 编写、评审接口测试用例

和功能测试类似,在开始接口测试前,需要根据需求文档、接口文档等项目相关文档编写并评审接口测试用例。接口测试思路如图1-4所示。

3. 执行接口测试

依据编写的接口测试用例,借助测试工具(如Postman、JMeter、SoapUI等)执行接口测试,上报发现的问题。

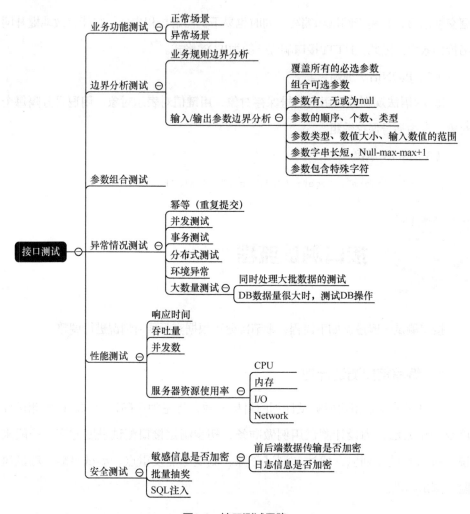

图1-4 接口测试思路

4. 接口自动化测试持续集成要点

进行项目测试时，接口会增加、减少或变更，测试用例也会相应更新，因此需要借助工具（如GitHub等）来维护测试用例进行持续集成，通过自动化测试实时监控项目接口运行情况。对接口测试而言，持续集成是核心内容，通过自动化的手段才能做到低成本、高收益。接口自动化测试持续集成主要包括以下内容。

① 流程方面。在回归阶段加强接口异常场景的覆盖，并逐步向系统测试、冒

烟测试阶段延伸，最终达到全流程自动化。

② 结果展示。更加丰富的结果展示、趋势分析、质量统计和分析等。

③ 问题定位。报错信息、日志更精准，方便问题复现与定位。

④ 结果校验。加强自动化校验能力，如数据库信息校验。

⑤ 代码覆盖率。不断尝试由目前的黑盒向白盒下探，提高代码覆盖率。

⑥ 性能需求。完善性能测试体系，通过自动化的手段监控接口性能指标是否正常。

1.4 接口文档系统

功能测试的依据有产品需求文档、开发设计文档等，而接口测试的主要依据是接口测试文档。由于前后端分离，用传统的Word文件来维护接口文档的方式已经不合时宜，现在，越来越多的团队采用API文档工具来维护接口信息。本节将详细介绍一个维护接口文档的在线系统。

1.4.1 ShowDoc简介

目前，有很多维护API文档的工具，本书选择ShowDoc，主要因为ShowDoc有以下特点。

① ShowDoc是一个开源、免费的工具。

② ShowDoc是一个非常适合IT团队的在线API文档、技术文档工具，它可实现实时同步，用户无须花费过多的精力维护文档。

③ 借助ShowDoc可以方便、快速地编写出美观的API文档，并且还可以用它编辑数据字典、说明书和一些技术规范说明文档供团队查阅。

④ ShowDoc提供免费在线文档托管服务，用户可以通过ShowDoc官网创建自己的项目，并将其保存在云端，也可以选择将ShowDoc部署到本地服务器。

1.4.2 ShowDoc部署

既然ShowDoc已经提供了在线文档托管服务，为什么还要搭建本地服务呢？这主要是从安全角度进行考虑，毕竟接口文档不适合暴露在"众目睽睽之下"，下面主要讲解如何在本地服务器上部署ShowDoc。

ShowDoc有很多种部署方式，下面以在Docker中部署为例。

这里假设服务器操作系统为CentOS 7。

（1）安装Docker

登录本地服务器，切换到root用户，使用以下命令进行安装。

```
yum install docker
```

（2）启动Docker服务

启动命令如下所示。

```
service docker start
```

（3）设置Docker服务为开机启动

设置命令如下所示。

```
chkconfig docker on
```

（4）借助yum命令，安装git

安装命令如下所示。

```
yum install git
```

（5）安装ShowDoc

从GitHub上复制代码到本地某个目录，这里进入根目录下的test文件夹。

```
cd /test
git clone -o gitbug https://github.com/star7th/showdoc
```

（6）进入ShowDoc目录开始安装

```
cd showdoc/
docker build -t showdoc ./
docker run -d --name showdoc -p 4999: 80 showdoc
```

注意 ▶ 如果想在不同端口启动，请修改4999为其他端口。

（7）访问ShowDoc

在浏览器中输入网址http://192.168.132.132:4999/install/，打开如图1-5所示的页面（注意将IP地址及端口号替换成用户自己服务器的IP地址及步骤（6）中设置的端口号）。

图1-5 ShowDoc install页面

选择语言（默认为中文），单击"OK"按钮，弹出安装成功提示框，如图1-6所示。

然后按照提示信息删除/install目录，使用如下命令进行删除（其中的XXX为install路径）。

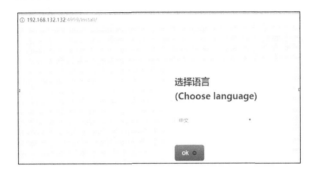

图1-6 安装成功

```
rm -rf XXX/install
```

（8）备份

API文档是非常重要的文档，需定期备份。/XXX/showdoc/Sqlite 下面有个showdoc.db.php文件，定期备份该文件即可。

用户可以采用手动命令备份，使用如下mv命令。

```
e.g. mv /XXX/showdoc/Sqlite/showdoc.db.php /test/showdoc.db.php.bak
```

上面示例将showdoc.db.php文件重命名为showdoc.db.php.bak文件保存在/test目录下，也可以编写自动化备份脚本定期备份，此处不做过多介绍。

注：Docker是一个开源的应用容器引擎，让开发者可以打包他们的应用及依赖包到一个可移植的容器中，然后发布到Linux系统上，也可以实现虚拟化。容器完全

使用沙箱机制，相互之间不会有任何接口。

1.4.3 接口测试文档示例

目前，有的公司可能没有接口文档，或者测试人员没有查看接口文档的权限，读者可以通过本书的项目接口文档进行了解（见图1-7～图1-9）。

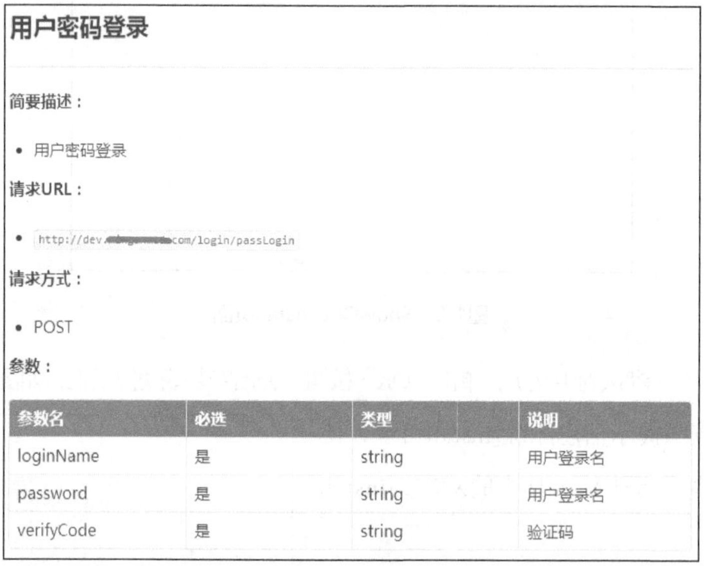

用户密码登录

简要描述：

- 用户密码登录

请求URL：

- http://dev.×××××××.com/login/passLogin

请求方式：

- POST

参数：

参数名	必选	类型	说明
loginName	是	string	用户登录名
password	是	string	用户登录名
verifyCode	是	string	验证码

图1-7　接口文档示例（一）

从图1-7～图1-9可以看出，一个完整的API文档应该包含以下几部分。

① 接口名称。

② 简要描述。

③ 请求的URL。

④ 请求方式（GET / POST等）。

⑤ 请求参数（参数名、是否必选、参数类型、说明）。

⑥ 返回示例。

⑦ 返回参数说明（参数名、类型、说明）。

接口测试基础知识

```
返回示例
成功：
    {
        "msg": "登录操作成功！",
        "success": 1
    }

失败：
    {
        "errCode": "0001",
        "msg": "登录操作出错！错误原因：xxx",
        "success": 0
    }

返回参数说明
```

参数名	类型	说明
success	int	1：成功；0：失败

图1-8　接口文档示例（二）

```
备注
• 更多返回错误代码请看首页的错误代码描述

责任人
• zhoull
```

图1-9　接口文档示例（三）

⑧ 备注及责任人。

Chapter 2
初识Postman工具

第1章讲解了接口测试的相关背景及接口测试的流程，本章讲解如何选择一款工具进行接口测试，正所谓"工欲善其事，必先利其器。"接口测试工具有很多，本书为什么要选择Postman呢？因为它简单、便于测试人员快速上手、能覆盖绝大多数HTTP接口测试场景，堪称"性价比"之王。从本章开始，将带领读者认识Postman这一接口测试"利器"。

Chapter 2 初识Postman工具

2.1 安装Postman

Postman分为本地应用版和Chrome浏览器插件版，下面分别介绍如何安装。

1. Postman本地应用

Postman可以作为Mac OS、Windows和Linux系统的本地应用。要安装Postman，请访问Postman官网，并根据操作平台下载对应版本，如图2-1所示。

图2-1 不同平台应用下载

① Mac OS安装。下载应用程序，把文件剪切到"应用"文件夹，双击Postman打开应用程序即可。

② Windows安装。下载安装文件，运行安装程序，根据提示信息安装即可。

③ Linux安装。

a．下载Postman-linux-x64-5.5.2.tar.gz文件，上传至Linux服务器。

b．使用gunzip Postman-linux-x64-5.5.2.tar.gz 命令解压gzip包。

c．使用tar -xvf Postman-linux-x64-5.5.2.tar 命令解压tar包，即可完成安装。

2. Chrome浏览器的Postman插件

Postman也可以作为Chrome浏览器插件使用。既然是Chrome浏览器的一个插件，那么如果想使用它，需要先安装Chrome浏览器。

（1）方法一

① 打开Chrome浏览器，单击右上角"自定义及控制"按钮，选择"更多工具"→"扩展程序"，如图2-2所示。

图2-2　打开扩展程序

② 打开"扩展程序"页面，单击"获取更多扩展程序"链接，如图2-3所示。

图2-3　扩展程序页

③ 在左上角搜索框输入关键字"postman",搜索扩展插件,单击"ADD TO CHROME"按钮安装,如图2-4所示。

图2-4　搜索Postman插件

④ 单击图2-5中的"添加扩展程序"按钮,完成安装。插件安装成功后在Chrome浏览器右上角可以看到圆形橙色图标,如图2-6所示。

图2-5　添加扩展程序　　　　　　　图2-6　插件安装成功

⑤ 单击该圆形橙色图标,在弹出的窗口中单击"Postman Chrome app"链接,打开新的页面。

⑥ 在打开页面单击"ADD TO CHROME"按钮,弹出添加应用确认窗口,如图2-7和图2-8所示。

⑦ 单击"添加应用"按钮,返回应用程序页面,即可看到Postman已经成功添加到插件列表,并可以在不同位置创建打开的快捷方式,如图2-9所示。

注：如果网络无法访问Chrome Web Store，请使用方法二。

图2-7 Postman插件

图2-8 确认添加应用

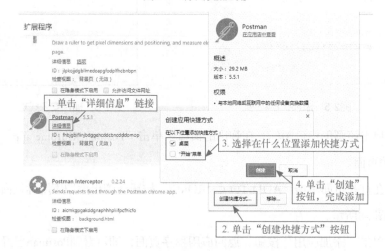

图2-9 插件应用

初识Postman工具

（2）方法二

从本书配套资源中下载"Postman-chrome_5.3.0.zip"压缩包（配套资源可通过扫封底二维码，回复关键字后获得），手动解压，然后将文件夹拖曳到"扩展程序"窗口，即可完成安装，如图2-10所示。

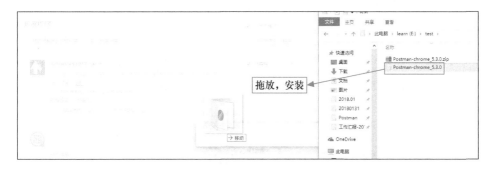

图2-10 拖放安装

3．Postman本地应用版和Chrome浏览器插件版的区别

Postman的本地应用程序是建立在Electron（一种框架）上的，并克服了Chrome浏览器平台的一些限制。这里列出了一些本地应用的特性。

（1）Cookies

本机应用程序可以直接使用Cookies。而Chrome浏览器的Postman插件则需要借助Interceptor插件。

（2）内置代理

本地应用程序自带一个内置代理，可以使用它来捕获网络流量。

（3）菜单栏

本地应用程序不受Chrome浏览器标准菜单栏的限制。使用本地应用程序，可以创建集合、切换到历史请求等。

（4）受限制的headers

最新版本的本地应用程序可以发送像origin和user-agent这样的headers信息。这些在Chrome浏览器的Postman插件中是受限制的。

（5）不遵循重定向选项

该选项存在于本地应用程序中，以防止返回300系列响应的请求自动跟随重定向。之前，用户需要在Chrome浏览器中借助拦截器扩展。

（6）Postman的控制台

本机应用程序的最新版本有一个内置的控制台，它允许查看API调用的网络请求细节。

总之，Postman本地应用版支持一些Chrome浏览器插件版没有的功能，因此推荐安装Postman本地应用版，接下来也会使用本地应用版进行接口测试讲解。

2.2 Postman工具简介

Postman提供了一个多窗口和多选项卡页面用于发送和接收接口请求（见图2-11）。Postman努力保持清洁和灵活，提供尽可能多的空间，以满足用户的需要。

图2-11 Postman窗口

1. 侧边栏

Postman的侧边栏（sidebar）可进行查找、管理请求和集合操作。侧边栏包括两个选项卡，分别是"History"（历史）和"Collections"（集合）选项卡。

可以拖动右边的边框来调整侧边栏的宽度，也可以单击页面左下角的图标来隐藏或显示侧边栏，如图2-12所示。

图2-12　侧边栏

（1）"History"选项卡

"History"选项卡用来展示发送过的请求，通过Postman应用程序发送的每个请求都保存在History选项卡中。

（2）"Collections"选项卡

"Collections"选项卡用来创建和管理集合。一般来说，我们会将一组"关系密切"的请求放到一个集合中进行统一管理，类似于将接口测试相关文档放到一个名为"接口测试"的文件夹中，将性能测试相关文档放到名为"性能测试"的文件夹中。

2．工具栏

Postman的顶部工具栏（见图2-13）包含菜单栏及以下功能快捷方式选项。

图2-13　工具栏

①"New"(新建)按钮,用于新建请求、集合、环境等。

②"Import"(导入)按钮,用于导入Postman文件、文件夹、form link等。

③"Runner"(运行器)按钮,用于打开集合运行页面。

④新窗口图标,用于打开一个新的Tab页、新的窗口或一个新的runner。

⑤"Builder"(构建器)/"Team Library"(团队库)选项卡,在请求构建器和Team Library视图之间切换。

⑥抓取API请求图标。使用Postman抓取API请求。

⑦同步状态图标。用于标示API请求同步状态的图标。

⑧公共API库。单击打开一个网址。

⑨设置图标。Postman应用程序设置相关内容。

⑩通知图标。接收通知或广播。

⑪联系图标。用于联系Postman。

⑫账号。登录、退出和管理Postman账号。

3. 构建器

Postman的构建器(Builder)是一种选项卡布局模式,用户可以在构建器中发送和管理API请求。上半部分是请求构建器,下半部分是响应查看器,如图2-14所示。

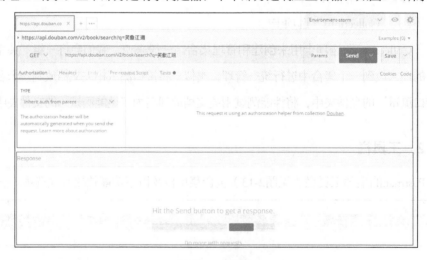

图2-14 构建器

① Cookies。单击图2-14中的"Cookies"链接，打开"MANAGE COOKIES"（管理Cookies）窗口（见图2-15），在这里可以管理与请求相关的Cookies。

图2-15 "MANAGE COOKIES"窗口

② Code。单击图2-14中的Code链接，打开"GENERATE CODE SNIPPETS"（生成代码片段）窗口（见图2-16）。该特性允许生成与请求相关的代码片段，其支持20多种语言（如HTTP、Java、Go、Python等）。

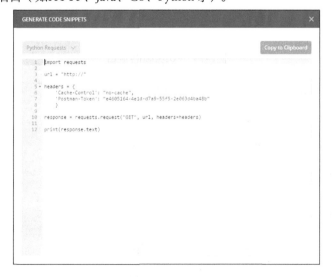

图2-16 "GENERATE CODE SNIPPETS"窗口

4. 控制台

Postman有两个控制台，可以帮助用户了解系统后台到底发生了什么。

① Postman控制台。其包含HTTP请求和响应的运行日志，这个功能只能在Postman的本地应用中使用。选择"View"→"Show Postman Console"命令（见图2-17）即可打开Postman控制台（见图2-18）。

图2-17　View菜单

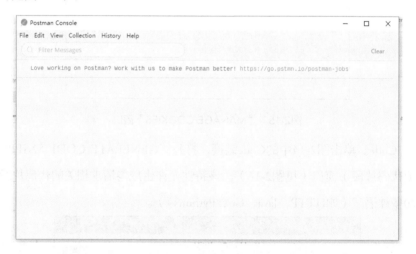

图2-18　Postman控制台

② DevTools控制台。使用该控制台可以在开发期间记录诊断信息。选择"View"→"Show DevTools"命令（见图2-19）即可打开DevTools控制台（见图2-20）。

5. 菜单栏

用户可以通过菜单栏访问其他功能，如通过File菜单，可以新建标签、导入文件、进入设置

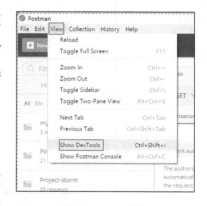

图2-19　View菜单

页面等。请注意，Postman本地应用版和Chrome浏览器插件版的菜单栏之间存在一些明显的区别。

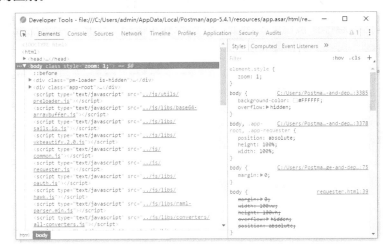

图2-20　DevTools控制台

Postman本地应用版显示更多的菜单选项，使访问特定的Postman功能变得更容易，如图2-21所示。

图2-21　Postman本地应用版菜单栏

Chrome浏览器插件版显示在Chrome浏览器标准限制下的一些菜单选项，如图2-22所示。

图2-22　Chrome浏览器插件版菜单栏

6. 状态栏

在Postman接口底部的状态栏提供了打开控制台的便捷方式、选择一个或两个窗格布局、打开快捷键窗口、帮助与反馈等功能。

> **注意** ▶ Postman本地应用版更新很快，也许页面布局会发生少许变化，将鼠标指标悬停在按钮或链接上，会显示提示信息，已把常用按钮或链接的功能提示信息标注在图2-23上。

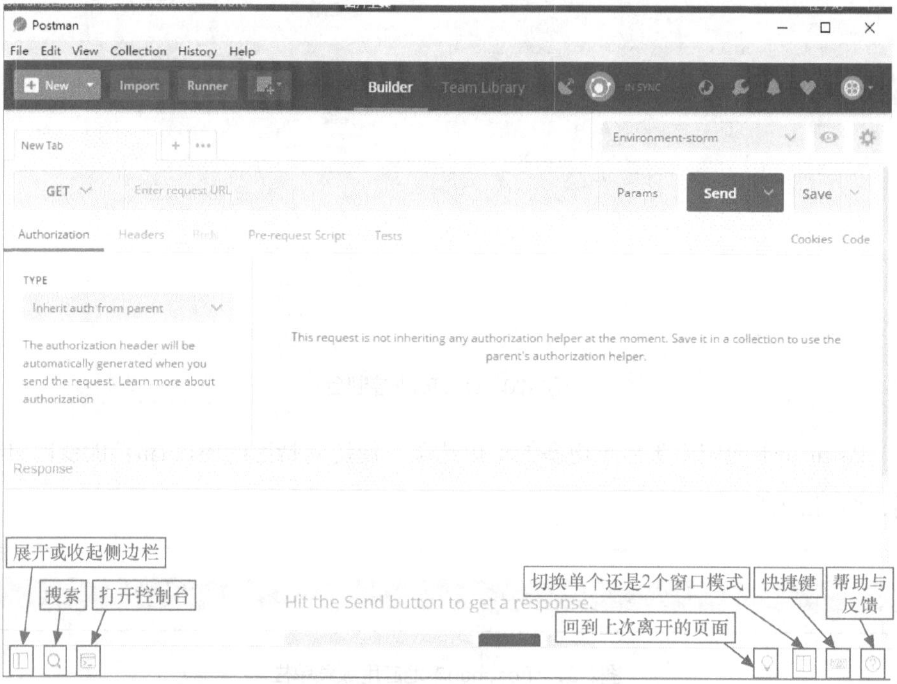

图2-23 状态栏

7．选项卡和窗口

Postman允许使用多选项卡和多窗口配置，这样就可以同时处理多个请求，甚至多个集合。在构建器中单击"+"图标（或者使用"CMD/Ctrl + T"组合键，其中"CMD/Ctrl"表示在Mac OS系统下使用"CMD"按键，在Windows系统下使用"Ctrl"按键）打开一个新选项卡。还可以选择"File"→"New Tab"命令来创建一个新的选项卡。

在选项卡上，单击鼠标右键，在弹出的快捷菜单可复制或关闭选项卡。如果任何选项卡有未保存的更改，在关闭该选项卡时，Postman将提示保存更改，如图2-24

和图2-25所示。

图2-24 选项卡操作

图2-25 提示对话框

（1）buzy标签

当有多个选项卡时，处于最前端的活动页面称为buzy标签。设置buzy标签的目的是确保用户不会失去他们一直在工作的请求，即使它不在一个集合中。新打开一个选项卡时，再从侧边框选择一个新请求，该请求将在新选项卡中显示，它不会覆盖掉前面选项卡中的请求。

在一个标签上操作将使该标签的状态变为忙碌。例如，接收响应或做出尚未保存的更改（由选项卡上的一个橙色点标记）将使标签状态变为忙碌，如图2-26所示。

（2）选项卡和侧边栏的行为

在默认情况下，Postman认为用户希望在一个选项卡中处理请求。在从侧边栏打开请求时，如果现有的选项卡有未保存的更改，Postman将打开一个新选项卡，否则该请求将覆盖当前选项卡的请求。当然，也可以明确指定在新选项卡中打开一个请求。在侧边栏的"Collections"选项卡下，单击"…"，选择"Open In New Tab"命令，如图2-27所示。

图2-26　标签状态

（3）移动请求

在请求生成器中，可以拖动选项卡，将其重新排序。

8．键盘快捷键

键盘在任何开发工具的优先级都很高。对于大多数开发人员来说，键盘是一种更有效的输入方法，与鼠标或其他指向设备相比，它只需要较少的运动和工作量就可以完成相同的操作，因此可以节省很多时间。从长远来看，这可以大大提高重复性或频繁的任务的完成速度。

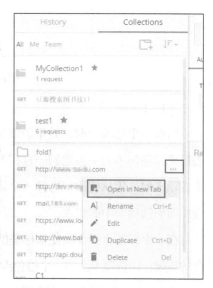

图2-27　操作请求

Postman的快捷键可大致分为3个方面：导航、操作和全局。导航快捷键可以移动接口，操作快捷键操作当前选择的项目，另外还可以从任何地方使用全局快捷键进行操作。

（1）导航快捷键

如果想快速地在各元素间导航，使用导航快捷键会很方便。以打开和发送一系列保存的请求为例，如果不借助快捷键，需要用鼠标单击侧边栏中的请求，将其加载到构建区域，然后单击"Send"按钮完成请求发送。而使用键盘，就可以使用方向键导航到目标请求。然后使用"CMD/Ctrl + Enter"组合键，即可发送该请求。

（2）操作快捷键

操作快捷键可快速地处理当前的选择，并执行编辑、删除和复制等操作。将操作快捷键与导航快捷键相结合，在侧边栏中创建和组织集合将变得非常容易。

（3）全局快捷键

全局快捷键被用于重要的操作，因此不必考虑焦点集中的问题。比如，保存（"CMD/Ctrl + S"组合键）、保存为（"CMD/Ctrl + Shift + S"组合键）、发送请求（"CMD/Ctrl + Enter"组合键）都遵循此模式。全局快捷键也可以用来执行UI操作，如切换到第二个标签页（"CMD/Ctrl + 2"组合键）、跳转到URL（"CMD/Ctrl + L"组合键）、打开控制台（"CMD/Ctrl + Alt + C"组合键）。

（4）查看操作系统的快捷键

不同的操作系统会有不同的快捷键。在"SETTINGS"窗口中的"Shortcuts"选项卡（见图2-28）中可以查看操作系统的快捷方式。

图2-28　SETTINGS窗口

9．数据编辑器

处理大量的数据可能很麻烦，而且耗时。使用Postman的数据编辑器可以快速、有效地查看和操作数据。Postman的数据编辑器有类似于Excel的特性。

① 可视化布局。Postman优化了水平和垂直空间的排版以突出当前数据。将在鼠标指针悬停在特定行上时显示相关特性。图2-29所示的设计有利于降低界面混乱度，并帮助用户关注相关数据。

图2-29　可视化布局

② 通过鼠标框选，可以选择多行数据，如图2-30所示。

图2-30　选择多行数据

初识Postman工具

③ 编辑数据的快捷键如图2-31所示。

Data editor	macOS	Windows / Linux shortcuts
Navigation	arrow keys (↑,→,↓,←) + Tab	arrow keys (↑,→,↓,←) + Tab
Duplicate row	⌘ D	Ctrl + D
Select specific rows	⌘ (click)	Ctrl + (click)
Select previous rows	⇧ ↑	Shift + ↑
Select next rows	⇧ ↓	Shift + ↓
Select current row	⇧ →	Shift + →
Select current row	⇧ ←	Shift + ←
Move row(s) up	⌘ ⇧ ↑	Ctrl + Shift + ↑
Move row(s) down	⌘ ⇧ ↓	Ctrl + Shift + ↓
Copy - can multiselect and copy rows	⌘ C	Ctrl + C
Cut - can multiselect and cut rows	⌘ X	Ctrl + X
Paste	⌘ V	Ctrl + V
Delete - can multiselect and delete rows	⌫	Del
Deselect rows	⎋	Esc

图2-31　数据编辑快捷键

④ 支持批量操作。用户可以选择并复制多行数据，然后把它们粘贴到一个不同的地方。

⑤ 预先查看信息。展开想要看到的信息，如果导航到一个有大段数据的地方，页面元素会自动展开以显示完整的信息。数据编辑器和URL栏都是如此。

如图2-32所示，Value字段中有很多内容，当鼠标指针移到这里的时候，就自动展开，方便查看。

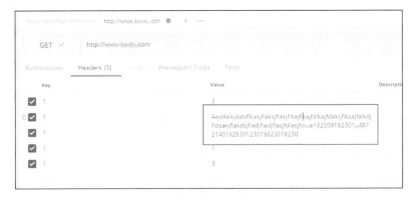

图2-32　查看信息

⑥ 调整列的能力。把鼠标指针放到Key和Value中间，鼠标指针会变成<-||->形状，这时候按住鼠标左键拖动，就可以调节Key和Value两列的宽度，如图2-33所示。

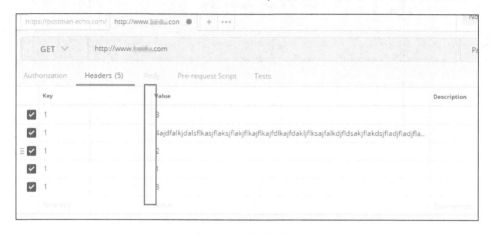

图2-33　调整列的宽度

10．支持多行

数据编辑器允许输入多行值。在Key或Value字段中按"Enter"键即可换行输入，如图2-34所示。

图2-34　换行输入

2.3 Postman账号

1. 为什么要注册一个Postman账号

注册Postman账号是免费的。当注册并登录一个Postman账号后，用户可以获得以下权限。

① 同步和备份历史、集合、环境和预置头。

② 可以轻松处理来自不同机器的多个Postman实例。

③ 创建集合链接发送给其他开发人员。

当然，不注册也可以使用Postman。

2. 如何注册Postman账号

① 下载、安装Postman应用程序。

② 启动应用程序，看到登录和注册页面，如图2-35所示。

图2-35　登录/注册界面

③ 单击"Sign Up"链接，填写账号信息，进行注册。

④ 登录邮箱，确认邮件。

3. 登录账号

登录账号后，将看到顶部的"IN SYNC"图标，这表明已经连接到Postman的服务器。Postman使用WebSockets进行实时同步，如图2-36所示。

图2-36　IN SYNC图标

用户可以在Postman中登录多个账号，单击右上角的登录图标，选择"Add a new account"选项即可完成多个账号的添加，如图2-37所示。

图2-37　账号列表

4. 切换账号

当用户登录了多个账号时，单击右上角的登录图标，弹出的下拉菜单会列出所有已登录的账号。要切换到某个账号，只需选择该账号即可。

5. 找回账号密码

在Sign in（登录）页面，可以通过忘记密码功能找回密码。

2.4 Postman同步

1. 什么是同步

同步是一个过程，用户登录Postman账号就可以找到所有的Postman数据。用户所做的任何更改（如编辑、添加、删除等）都将在与账号相关联的所有设备上同步。

与Postman的服务器同步并保存到云端的内容包括：集合、文件夹、请求、响应、头预设、环境、环境变量、全局变量、集合运行结果。

2. 如何在电脑间同步

安装Postman应用程序，并在所有设备上使用相同账号登录。如果启用了同步，那么现在创建的所有数据（或过去创建的数据）将在所有设备上同步。

Postman会自动确保无论用户在哪里访问数据，数据内容都是一样的，不需要其他设置。

> **注意** ▶ Postman限制每个账号最多同时在3个设备上登录。

3. 同步的状态

如果没有登录，将显示"SYNC OFF"，提示用户同步关闭，如图2-38所示。

如果登录账号，则状态先变成"CONNECTING"，即连接状态（和Postman服务器云端连接），如图2-39所示。

图2-38　SYNC OFF状态

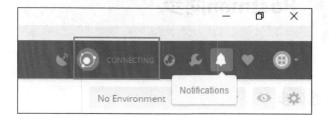

图2-39　CONNECTING状态

稍后会变成"SYNCING"状态，即同步状态（从云端拉取该账号的所有信息），如图2-40所示。

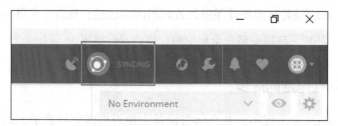

图2-40　SYNCING状态

同步完成后，变为"IN SYNC"状态，即同步中的状态，如图2-41所示。

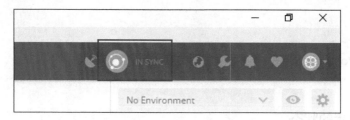

图2-41　IN SYNC状态

4．登出

如果选择登出账号，该账号的数据将从Postman应用程序的本地实例中删除。

初识Postman工具

不过不要担心,所有数据将在再次登录时从云端恢复。这只是为了让其他用户在使用这个应用程序时没有数据冲突。当重新登录时,Postman将自动检索最新版本的请求和集合。

2.5 Postman设置

在Postman应用程序的头部工具栏中,单击图标 ,选择"Settings"选项打开设置。还可以使用"CMD/Ctrl +,"组合键打开设置,如图2-42所示。

图2-42 选择"Settings"选项

1. 一般设置

如图2-43所示,Postman有一些默认的设置(见"General"选项卡),大多数情况下能够满足用户的需求。不过考虑到情况的多样性,如果需要进行一些调整,请参考下面的方法。

① Trim keys and values in request body(在请求体中删除键和值)。如果设置成"ON",在使用表单数据或URL编码模式将数据发送到服务器时,请求体中的任何参数将被删除。

② SSL certificate verification(SSL证书验证)。在发出请求时阻止应用程序检查SSL证书的有效性。

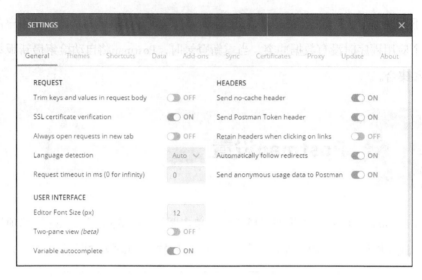

图2-43 "SETTINGS"窗口

③ Always open requests in new tab（总是在新标签打开请求）。当设置为"ON"时，所有新打开请求都在一个新标签中呈现。

④ Language detection（语言检测）。如果设置为"JSON"，将强制响应以JSON的格式呈现，而不考虑响应内容类型的headers。

⑤ Request timeout in ms(0 for infinity)（请求超时时间，单位为毫秒，0代表无穷大）。设置应用程序等待响应的时间，超过设定的时间返回服务器时无响应。值为0表示无穷大——Postman将永远等待响应。

⑥ Editor Font Size(px)（编辑字体大小）。调整字体大小以像素为单位。

⑦ Two-pane view(beta)（左右窗口视图）。默认为上下窗口视图，开启本项设置，将使用左右窗口视图。

⑧ Variable autocomplete（变量自动完成）。变量自动完成转换。

⑨ Send no-cache header（发送无缓存Header）。发送一个无缓存Header，确保从服务器得到最新响应。

⑩ Send Postman Token header（发送Postman Token Header）。这主要用于绕过Chrome浏览器中的一个漏洞。如果一个XmlHttpRequest正在等待，而另

一个请求以相同的参数发送，那么Chrome浏览器将对这两个参数返回相同的响应。发送一个随机的Token可以避免这个问题，这也可以帮助用户区分服务器的请求。

⑪ Retain headers when clicking on links（当单击链接时，保留Headers）。如果单击一个链接，Postman就会创建一个新的GET请求。如果你想保留在前面的请求集"ON"中设置的标题，或正在访问主要受保护的资源，这将非常有用。

⑫ Automatically follow redirects（自动跟随重定向）。防止返回300系列响应，请求自动重定向。

⑬ Send anonymous usage data to Postman（将匿名使用数据发送给Postman）。禁止或启用发送匿名使用数据（如按钮单击和应用事件）到Postman的选项。

2．主题设置

Postman提供了淡色、深色两个主题，如图2-44所示。

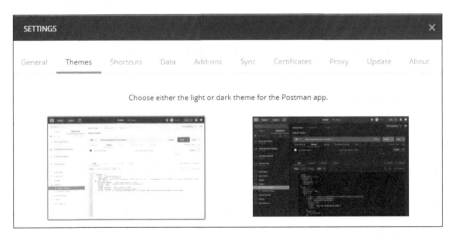

图2-44 "Themes"选项卡

3．键盘快捷键设置

在"Shortcuts"选项卡中，可以查看操作系统可用的快捷键。了解更多常用快捷键可以提高工作效率。

4. 数据导入/导出设置

在"Data"选项卡中,可以向Postman导入和导出数据。该操作将覆盖现有的集合和环境,因此要格外注意。

5. 附加组件设置

在"Add-ons"选项卡中,会提示用户可以通过npm来安装Postman的插件Newman(这是可以持续集成的关键)。

6. 同步设置

如果用户登录了Postman,其数据将与Postman的服务器同步,确保下次使用Postman时仍可以获取这些数据(不仅仅是在本地)。用户可以在"Sync"选项卡中强制同步或禁用同步。

7. 证书设置

在"Certificates"选项卡中可为每个域添加对应的客户端证书。

8. 代理设置

在"Proxy"选项卡中可为Postman设置响应的代理。

9. 更新设置

Postman的本地应用程序将在版本更新时通知用户。假如有新版本,当用户启动Postman时会收到弹框提示,弹框信息包含版本号、增加的特性及修复的漏洞,如图2-45所示。

10. 关于

在"About"选项卡中将显示Postman的版本信息及一些有用的链接,如图2-46所示。

Chapter 2 初识Postman工具

图2-45 "UPDATE AVAILABLE"窗口

图2-46 "About"选项卡

2.6 发送第一个请求

1. 发送请求的步骤

① 在URL输入框中输入"Postman-echo.com/get"。

② 单击"Send"按钮发送请求，将看到服务器的响应信息，在底部会有一些JSON数据，如图2-47所示。注意，在Postman左侧栏的"History"选项卡下添加了"Postman-echo.com/get"。

图2-47　发送请求

2. 工作原理

下面用图2-48来映射这个过程。

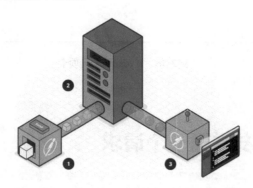

图2-48　工作原理

① 输入请求（URL为Postman-echo.com/get），并单击"Send"按钮。

② 该请求由API服务器（Postman-echo.com）接收，并返回响应。

③ 响应由Postman接收，接口响应内容在工具中可视化。

此时，用户已经使用Postman发送了一个请求，后面将借助Postman发送更多的请求，来完成接口测试工作。

2.7 将请求保存到集合

通过Postman发送的每一个请求都会出现在侧边栏的"History"选项卡下。在请求数量比较少时，通过"History"选项卡重新使用请求是很方便的。然而，随着请求越来越多，在"History"选项卡中查找一个特定的请求可能会变得费时。这就是Postman集合的切入点。集合用来保存一组请求，它是Postman大多数高级功能构建的基础。下面来创建一个集合。

① 创建一个请求，然后单击"Save"按钮以打开"SAVE REQUEST"窗口。

② 输入请求名（可选）。如果不输入，默认名称将是请求URL。

③ 输入请求描述信息（此栏为可选选项，描述信息可以是纯文本或使用Markdown语法进行编写）。

④ 将该请求保存到一个现有集合中（或者通过输入一个集合名称创建一个新的集合），然后单击"Save to my-collection"按钮保存，如图2-49所示。

这样就将请求保存到了集合中。用户可以在左侧栏的"Collections"选项卡中看到所有集合及集合中的请求。

图2-49 保存请求到集合

Chapter 3
Postman基本操作

第2章讲解了Postman的基础知识,并发送了一个Get请求,本章将讲解Postman的基本操作,并详细讲解接口请求和响应的内容。

Chapter 3 Postman基本操作

3.1 API请求与响应

本章主要讲解如何借助Postman构造接口请求，并分析Postman展示的接口响应信息。

1. 请求构建器

在"Builder"选项卡下，请求构建器允许快速创建任何类型的HTTP请求。HTTP请求的4个部分是Method、URL、Headers和Body。Postman提供了方便的工具来处理上述部分，如图3-1所示。

图3-1 "Builder"选项卡

（1）Method

使用下拉菜单，更改请求方法非常简单。请求体编辑器区域将根据方法的变化而变化。不同请求方法的可编辑区域不同（如使用GET方法时Body标签置灰），如图3-2所示。

（2）URL

URL是用户为请求设置的第一个内容。URL输入框会存储之前使用过的URL，在开始输入URL时将显示匹配内容，如图3-3所示。

单击"Params"按钮会打开数据编辑器，用户可以在数据编辑器中，输入URL参数，也可以单独添加键值对，Postman将在上面的查询字符串中组合所有内容。如果URL已经有了参数，例如，粘贴一个其他来源的URL时，Postman会自动将URL拆分为键值对，如图3-4所示。

图3-2　Method

图3-3　URL

图3-4　Params

> **注意** ▶ 在URL栏或数据编辑器中输入的参数不会自动进行URL编码。选中文本，单击鼠标右键，选择"EncodeURIComponent"命令进行编码，如图3-5所示。

如果没有指定任何协议，Postman将自动添加"http://"到"URL"的开头。

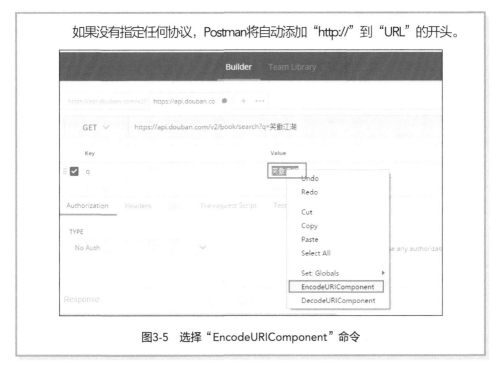

图3-5 选择"EncodeURIComponent"命令

当一些API末尾使用路径变量时，Postman也可以进行处理。下面是一个带有路径变量的URL示例（虚拟地址，"×××"为路径变量）。

https://×××.com/:entity/

要编辑路径变量，单击"Params"按钮，查看已输入的键（Key），根据需要更新值（Value）。例如，这里将"Value"设置为"user"，如图3-6所示。

图3-6 更改"Value"设置

（3）Headers

打开"Headers"选项卡将显示Headers键值编辑器。用户可以将任何字符串设置为头名称。在输入框中输入文字时会匹配公共HTTP Header Key的建议（自动弹出下拉选项），如图3-7所示。

图3-7　Headers键

Value部分也是如此，如图3-8所示。

图3-8　Headers值

> **注意** ▶ 如果使用的是Chrome浏览器插件版的Postman，一些Headers会受到Chrome浏览器和XMLHttpRequest规范的限制。不过可以使用拦截器扩展来发送受限的Headers（该扩展器插件为inerceptor.crx，读者可以从本书的配套资源中获取）。

（4）Body

下面将借助请求体编辑器来构建请求体。Postman允许用户发送几乎任何类型的HTTP请求。请求体编辑器被分为4个区域，分别对应4种不同的请求体格式。

> **注意** ▶ 当通过HTTP发送请求时，服务器可能会期望一个Content-Type头。Content-Type头允许服务器正确地解析主体。对于form-data和urlencoded的请求体类型，Postman会自动附加正确的内容类型头部，这样就不必进行设置了。Postman没有为binary类型的请求体设置任何头类型。

① form-data，如图3-9所示。

图3-9　form-data

form-data是Web表单用来传输数据的默认编码。这模拟了在网站上填写表单并提交的一个过程。表单数据编辑器允许为数据设置键值对，也可以把文件附加到一个键上。

> **注意** ▶ 由于HTML 5规范的限制，文件不存储在历史或集合选项卡中，用户需要在下一次发送请求时再次选择该文件。

Postman不支持上传多个文件，且每个文件都有自己的Content-Type内容类型。

② x-www-form-urlencoded，如图3-10所示。

图3-10　x-www-form-urlencoded

此编码与URL参数中使用的编码相同。只需输入键值对，Postman将正确编码键值。

> **注意** ▶ 不能通过这种编码模式上传文件。form-data和urlencode之间可能有些混淆，所以务必先确定API到底使用哪种类型请求体。

③ raw，如图3-11所示。

图3-11 raw

raw类型请求体可以发送任何格式的文本数据，如Text、JSON、Javascript、XML、HTML等。一般用来发送JSON格式的请求体，可以自定义选择raw请求体内容类型，如图3-12所示。

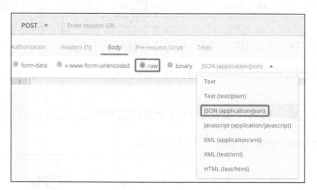

图3-12 JSON

> **提示** ▶ 在编辑器中选择文本并按"CMD /Ctrl + B"组合键可以自动美化XML / JSON的内容。

④ binary,如图3-13所示。

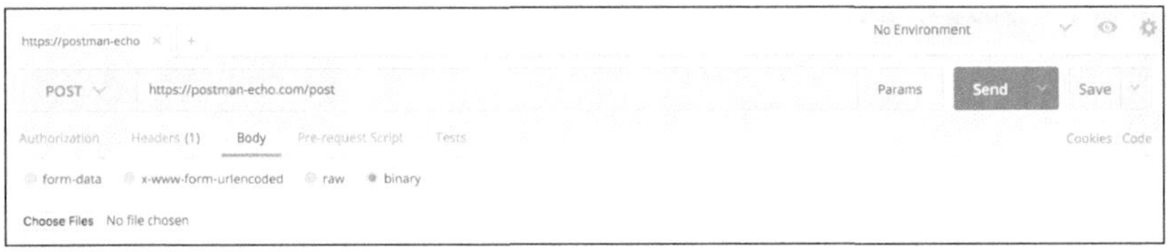

图3-13 binary

binary类型请求体允许用户发送不能输入的内容,如图像、音频、视频等文件及文本文件。正如在form-data中提到的,如果通过历史或集合选项卡加载请求,则必须重新附加一个文件。

(5) Cookies

单击"Send"按钮右下方的"Cookies"链接,即可打开"MANAGE COOKIES"窗口(见图3-14),可以在这里添加、删除Domain和其对应的Cookies。

图3-14 Cookies管理器

(6) Header Presets

用户可以在Header Presets(头预置)中保存一些常用的Headers。在"Headers"选项卡下,可以单击"Presets",从下拉列表选择一个预置的Header。

预先添加常用Header,如图3-15所示。成功添加一个Header,如图3-16所示。选择之前添加的Header,如图3-17所示。

图3-15 "MANAGE HEADER PRESETS"窗口

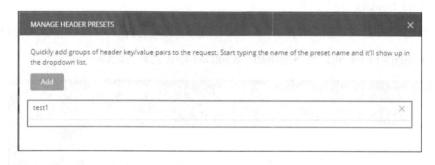

图3-16 Header列表

图3-17 选择Header

2．API响应

发送完API请求，如何确保API响应是正确的呢？借助Postman Response Viewer可以很方便地查看请求响应结果。

API响应由Body、Cookies、Headers、Test Results及状态信息组成，如图3-18所示。

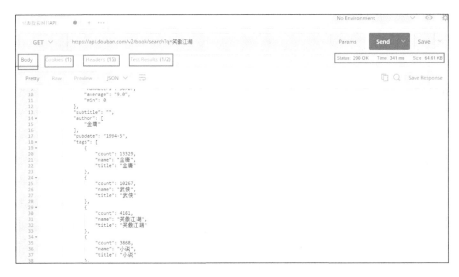

图3-18　API响应

接下来，以一个公共的豆瓣API为例来讲解请求响应的各个部分。API请求方法为Get，请求地址为"https://api.douban.com/v2/book/search?q=笑傲江湖"。

> **注意** ▶ 计算机只要能够上网，就可访问上述API进行试验。

（1）Body

Body是请求响应的主体，Postman提供了3种视图来查看响应主体，分别为Pretty、Raw、Preview。其中Pretty为默认方式，如图3-19所示。

Pretty视图格式化显示JSON或XML响应体，以方便查看。大多数情况下，很少有人会通过一个缩小的单行JSON响应来寻找难以捉摸的字符串。在Pretty视图内的链接被高亮显示，单击它可以在Postman中加载一个链接URL的GET请求。对于一大段响应数据，单击左边的三角形（▼）可以折叠大段的响应，如图3-20所示。

对于Postman自动格式化主体，能确保返回适当的Content-type Header。如果API没有这样做，可以通过JSON或XML强制格式化。

图3-19　Pretty

通过下拉列表选择JSON或其他格式，手动将响应体强制格式化成对应的格式，如图3-21所示。

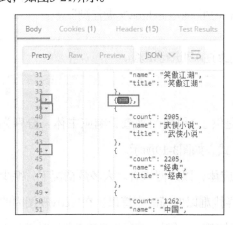

图3-20　响应体

图3-21　格式化

用户也可以在"SETTINGS"窗口中进行设置，如图3-22所示。

在响应中搜索，可以使用"CMD /Ctrl + F"组合键打开搜索栏，使用"CMD /Ctrl + G"组合键可以滚动搜索结果。

图3-22 设置Language detection

当选择以Pretty视图查看响应结果时,还可以选择其他数据展示类型,如图3-23所示。

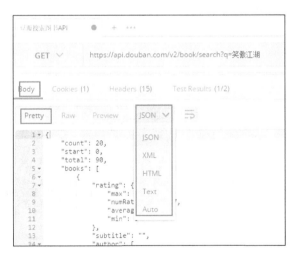

图3-23 格式化种类

Raw视图以一个大文本区域的方式显示响应主体,如图3-24所示。

"Preview"选项卡将响应呈现在一个iframe沙箱中。一些Web框架默认返回

HTML错误,而预览模式在这种情况下特别有用。由于iframe沙箱限制,JavaScript和图像在iframe中被禁用。

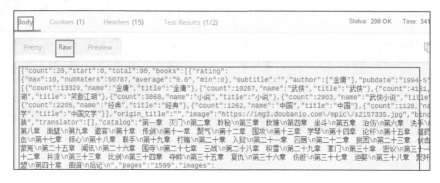

图3-24　Raw视图

如果API服务端返回一个图像,Postman将自动检测并呈现它。对于二进制响应类型,用户应该选择"发送和下载",这样可以保存响应到硬盘,然后可以使用适当的查看器查看它。该功能使用户能够灵活地测试音频文件、PDF文件、ZIP文件,以及任何API抛出的内容。

切换到Preview视图方便进行查看,如图3-25所示。

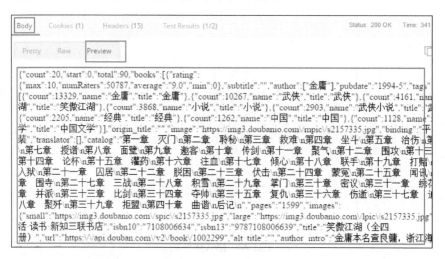

图3-25　Preview视图

图3-26显示接口返回为HTML的响应。

Postman基本操作

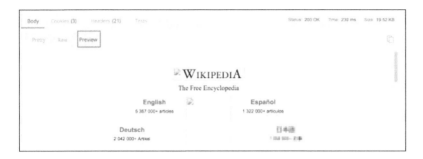

图3-26　HTML响应

（2）Cookies

由服务器发送的Cookies在"Cookies"选项卡中可见，如图3-27所示。

图3-27　Cookies

（3）Headers

Headers在"Headers"选项卡下显示为键值对。当鼠标指针悬停在标题名称上时，根据HTTP规范描述，标题显示Headers的相应描述信息。如果发送一个HEAD请求，Postman将默认显示"Headers"选项卡，如图3-28所示。

"Headers"选项卡存储了请求相关的Headers，如图3-29所示。

图3-28　"Headers"选项卡

（4）Test Results

"Test Results"选项卡展示该请求所有测试项的本次运行结果，如图3-30所示（测试项在请求中的Tests中添加）。

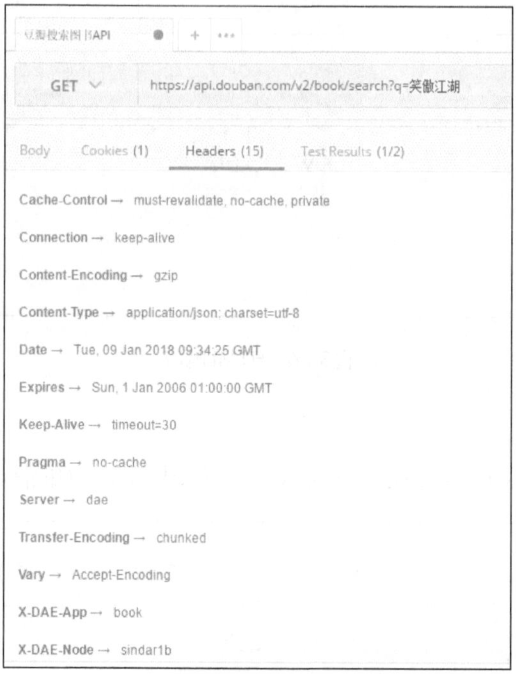

图3-29 "Headers"选项卡中的Headers

图3-30 测试结果

从图3-30中可以看到本次运行的两个测试项,一个是PASS,另一个是FAIL。

(5)响应状态信息

如图3-31所示,响应状态信息包括响应状态码、响应时长(服务器返回响应的时间,单位是ms)和响应体大小(单位是KB)。

（6）复制响应，搜索响应

具体如图3-32所示。

图3-31　响应状态信息

图3-32　复制、搜索

单击"▢"按钮可以复制响应体，然后粘贴到需要的地方。单击"🔍"按钮，弹出搜索框，可以在响应体中搜索关键字，如图3-33所示。

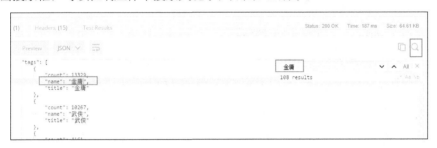

图3-33　搜索结果

（7）保存响应

如果一个请求被保存在一个集合中，则可以保存请求对应的响应。响应返回后，单击"Save Response"按钮，如图3-34所示。输入响应示例名称，单击图3-35中的"Save Example"按钮，将响应保存成请求对应的示例。

图3-34　"Save Response"按钮

图3-35　"Save Example"按钮

当加载请求时，为请求保存的所有响应将作为一个示例提供。单击图3-36右上角的示例下拉菜单，并选择保存的示例。

图3-36　选择示例

3．"History"选项卡

使用Postman发送的所有请求都存储在"History"选项卡中，可以单击左侧边栏访问"History"选项卡。"History"选项卡允许用户快速地尝试各种请求，且不用浪费时间从头构建请求。用户可以通过单击请求名称来加载以前的请求。

如果用户创建了一个账号，并登录到Postman，其"History"选项卡中的内容将与Postman的服务器同步，并实时备份。如果用户退出了Postman账号再重新登录，那么最后10个请求将保留在"History"选项卡中。Postman Pro和企业用户可以访问最后100个请求。同样的策略适用于"Collections"选项卡。

在左侧边栏的"History"选项卡（见图3-37）中可进行如下操作。

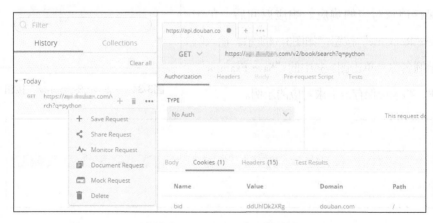

图3-37　"History"选项卡

（1）浏览请求

选择此选项卡中请求，Postman将在构建器中加载请求配置。用户可以使用上下方向键来浏览请求。

（2）发现请求

请求是按时间顺序排列的，最近的请求显示在顶部。同一个GET请求不会在"History"选项卡中显示多条记录。如果请求历史记录太多，可通过搜索来过滤，"History"选项卡中将显示与搜索项匹配的请求（见图3-38）。

（3）同时选中多个请求

选择需要的请求时，按住"Ctrl"键（在Mac OS系统下按"CMD"键）可以同时选中多个请求，如图3-39所示。用户可以发起保存、共享、记录、模拟、监视或删除等请求操作，这些操作是在列表的顶部执行的。

图3-38　过滤请求

图3-39　选中多个请求

（4）将请求保存到集合

为了方便使用常用的请求，用户可以将它们从"History"选项卡中保存到一个集合中。为了将一个请求保存到一个集合，用户将鼠标指针悬停在请求上方，并单击旁边显示的加号图标（+），如图3-40所示。当选择多个请求时，加号图标（+）将显示在侧栏的顶部，如图3-41所示。单击加号图标（+），选择一个现有集合，或者创建一个新的集合，以将请求保存到集合中。

图3-40　选中单个请求　　　　　　图3-41　选中多个请求

（5）删除请求

如果想删除"History"选项卡中的所有请求，单击侧栏顶部"Clear all"链接，如图3-42所示。如果要删除单个请求，将鼠标指针悬停在该请求的上方，单击旁边显示的垃圾箱图标如图3-43所示。当然，也可以多选后再删除，进行多选时，垃圾箱图标在顶部，如图3-44所示。

图3-42　删除全部历史请求　　图3-43　删除单个请求　　图3-44　删除多个请求

4. API请求排错

有时API会出现不起作用，或者表现出意外的情况，如果没有得到任何响应，

Postman将显示图3-45所示的信息。

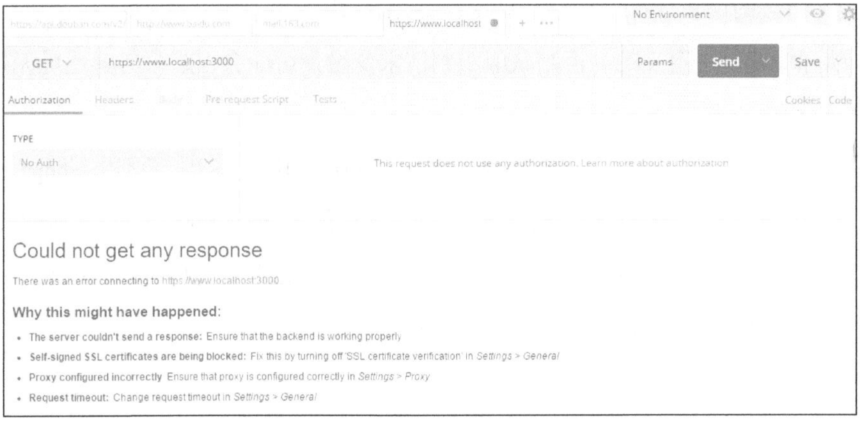

图3-45　请求错误

Postman控制台里面有产生错误的可能原因的详细信息，使用Postman控制台后，可以大大减少排除故障所需的时间。在排错API请求报错信息时，应考虑以下问题。

（1）连接问题

如果Postman无法连接到你的服务器，它将显示图3-45中"Could not get any response"提示消息。通常，检查是否有连接性问题的比较简单的方法是在浏览器中输入服务器地址。如果在浏览器中能打开它，那么可能的原因如下。

① 防火墙的问题。一些防火墙可能被配置成屏蔽非浏览器连接，在这种情况下，尝试关闭防火墙，然后再试试Postman是否可以正常工作。

② 代理配置的问题。如果正在使用代理服务器发出请求，请确保正确地配置了它。在默认情况下，Postman使用在操作系统网络设置中配置的代理设置。Postman控制台可以提供关于代理服务器的调试信息。

③ SSL证书的问题。当使用HTTPS连接时，Postman可能会显示图3-45中"Could not get any response"提示信息。在这种情况下，可以尝试在Postman设置中关闭SSL验证。如果关闭SSL验证仍然无法解决问题，服务器可能正在使用客户端SSL连接。这也可以在Postman设置中配置，使用Postman控制台确保将正确的SSL证书发送到服务器。

④ 客户端证书的问题。此服务器可能需要客户端证书，用户可通过在Postman

设置中添加客户端证书来解决这个问题。

⑤ 错误的请求URL。如果在请求中使用了变量，请确保该变量是在全局变量或当前环境变量中定义的。否则获取不到请求变量，可能会引起服务器地址无效，从而导致访问失败。

⑥ 使用不正确的协议。检查是否意外地在URL中使用"https://"而不是"http://"。

⑦ 无效的Postman行为。有时候，Postman可能会向API服务器发出无效的请求，用户可以通过检查服务器日志来确认这一点。如果发现Postman的运行不正常，没有按照预期的方式工作，请和Postman官方联系。

（2）超时设置太短

如果在Postman中配置一个非常短的超时，例如，在图3-46中将请求超时时长设置为10ms，当请求响应的时长超过10ms时，Postman就认为未收到请求响应（也许在11ms的时候就返回了响应，但是Postman已经不再监听），从而导致出现图3-45中的提示信息。尝试增加超时时长可以避免这个问题。一般来说，保持默认设置即可。

图3-46　请求超时设置

（3）无效的响应

如果服务器发送不正确的响应，如编码错误或无效的Headers，Postman将无法解析响应，从而导致出错。

如果 API 仍然不能正常工作，那么可以尝试去Postman社区或Stack Overflow中寻找帮助。

如果尝试排除某故障但失败了，请在GitHub上搜索Postman问题跟踪器，以检查是否有人已经报告了这个问题，以及是否有可以使用的解决方案。

5．日志和排错

Postman控制台类似于浏览器的开发控制台。如果API或API测试的行为未达到预期的结果，打开Postman控制台是个不错的想法。只要控制台窗口是打开的，所有的API活动都将被记录在这里，用户可查看到底发生了什么。

Postman控制台记录以下信息。

① 发送的实际请求，包括所有基本请求头和变量值等。

② 服务器在由Postman处理之前发送的精确响应。

③ 用于请求的代理配置和证书。

④ 来自测试或预请求脚本的错误日志。

⑤ 脚本中console.log()返回值。

在脚本中适当位置使用console.info()或console. warn()可以帮助用户提取正在执行的代码行。使用方法与在JavaScript中使用console.log()方法类似。

（1）DevTools控制台日志

要访问控制台日志，请遵循以下步骤（适用于Mac OS、Windows、Linux等操作系统的Postman本机应用程序）。

① 在应用程序菜单中选择"View"→"Show DevTools"命令。

② 在"Developer Tools"窗口中（见图3-47），打开顶层控制台选项卡，其中将显示应用程序的调试日志。

（2）使用Postman控制台进行网络调用

在应用程序菜单中选择"View"→"Show Postman Console"命令或使用快捷键（"CMD /Ctrl + Alt + C"组合键）。类似于"Developer Tools"窗口，每个请求连

同它的Headers和Payloads将被记录到图3-48中的Postman控制台。

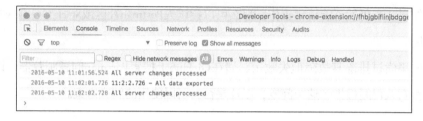

图3-47　Developer Tools

图3-48　控制台输出

3.2　API授权、Cookies和证书

1. API授权

当发送请求时，通常会包括参数，以确保请求能够访问和返回所需的数据。Postman提供了授权类型，使用户可以轻松地在Postman本地应用程序中处理身份验

证协议。

（1）基本认证

基本认证（Basic Auth）具体操作如图3-49所示。

图3-49　基本认证

输入用户名和密码字段并单击"Preview Request"按钮生成授权headers。

（2）摘要身份验证

摘要身份验证（Digest Auth）界面如图3-50所示。

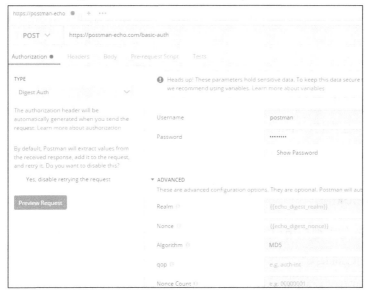

图3-50　摘要身份验证

摘要身份验证比基本认证更加复杂，并使用当前在请求中设置的值来生成授权headers。在生成Headers之前，应确保它们被正确设置。如果已经存在，Postman将删除现有的Headers。

（3）OAuth

OAuth是一个开放标准，它允许用户让第三方应用访问该用户在某一网站上存储的私密资源（如照片、视频），且无须将用户名和密码提供给第三方应用。

Postman的OAuth助手支持基于OAuth 1.0身份验证的请求。通过OAuth 1.0，用户可以设置Consumer Key、Consumer Secret等信息。

具体界面如图3-51所示。

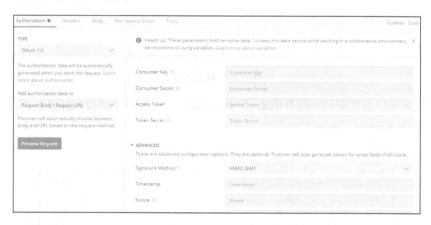

图3-51　OAuth 1.0

（4）其他授权方式

Postman还支持OAuth 2.0、Hawk Authentication、AWS Signature等授权方式，由于这些授权方式较少使用，本书不做过多介绍。

2. Cookies

Postman的本地应用程序提供了一个管理Cookies的模块，可以让用户编辑与每个域关联的Cookies。

（1）打开"MANAGE COOKIES"窗口

单击"Send"按钮下的"Cookies"链接，打开"MANAGE COOKIES"窗

口，如图3-52所示。

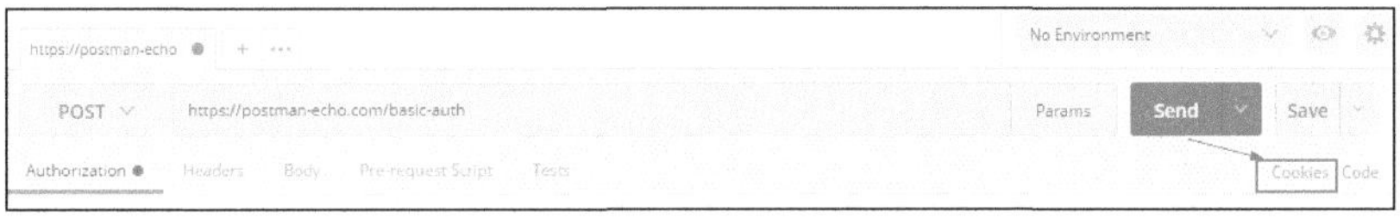

图3-52 "Cookies"链接

"MANAGE COOKIES"窗口如图3-53所示，并显示一个域列表和与之相关的Cookies。

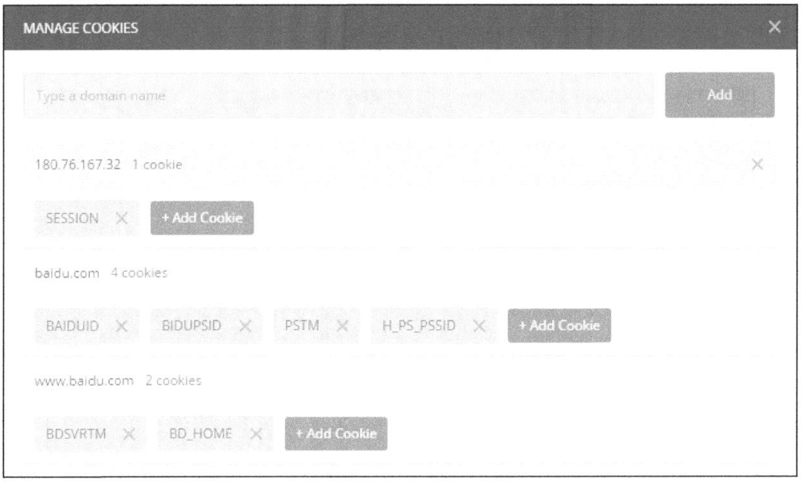

图3-53 "MANAGE COOKIES"窗口

（2）创建一个Cookie

要为域添加一个新Cookie，应单击"Add Cookie"按钮。系统会根据HTTP状态管理标准，创建一个预先生成的Cookie字符串，用户可以在它下面的文本框中进行编辑。单击"Save"按钮将其保存到相关域的应用程序Cookie中，如图3-54所示。

（3）添加一个域

如果想为域列表中不存在的域（domain）添加一个Cookie，可以在顶部的文本框中输入主机名（没有端口或http://），单击"Add"按钮将其添加到域列表中（见图3-55）。然后，可以通过选择该域为其添加Cookie。

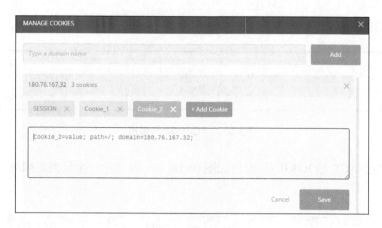

图3-54　保存Cookie

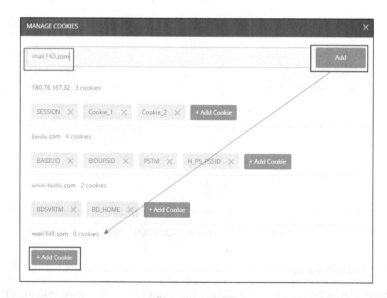

图3-55　添加域

（4）更新一个Cookie

若要更新现有的Cookie，请从域列表中查看域，然后单击要编辑的Cookie。用户可以编辑任何属性，并单击"Save"按钮以保存更新，如图3-56所示。

3．证书

Postman的本地应用提供了一种查看和设置每个域的SSL证书的方法。

Postman基本操作

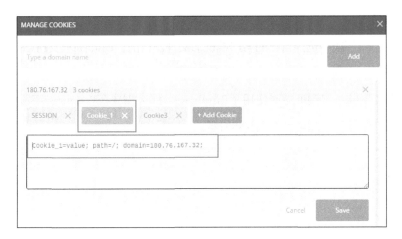

图3-56 更新Cookie

要管理客户端证书,应单击工具栏右侧的设置按钮,选择"SETTINGS",并选择"Certificates"选项卡,如图3-57所示。

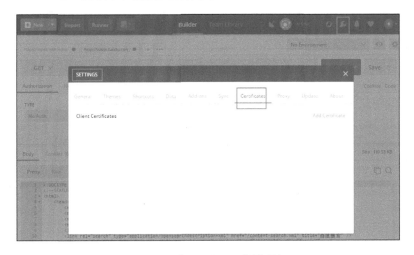

图3-57 "Certificates"选项卡

(1)添加客户端证书

要添加新的客户端证书,可单击"Add Certificate"链接。

在Host字段中,输入要使用该证书的请求URL的域(注意,没有协议,不需要输入http或https),例如,postman-echo.com。

还可以为添加的Host指定一个自定义端口。如果不输入,将使用默认的HTTPS

端口（443）。

在CRT file字段中选择自己的客户端证书文件。目前，Postman只支持CRT格式。

在KEY file字段中选择客户端证书密钥文件。

如果在生成客户端证书时使用了Passphrase，那么需要在Passphrase字段中提供密码。否则，保持空白即可，如图3-58所示。

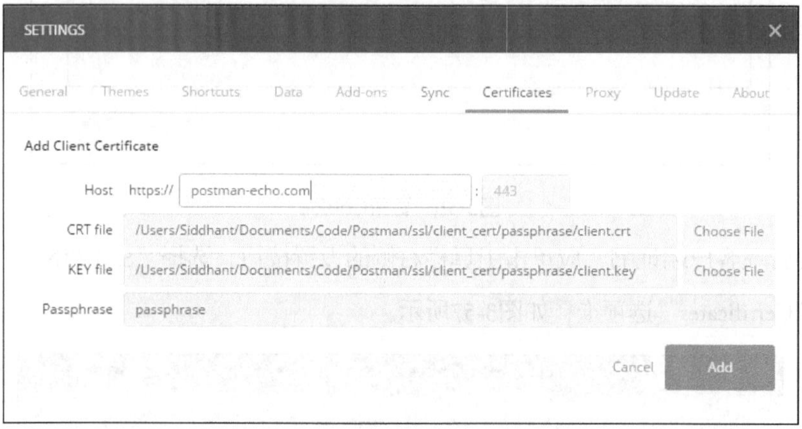

图3-58 添加证书

添加证书之后，它会出现在图3-59所示的客户端证书列表中。

图3-59 客户端证书列表

> 注意 ▶ 不要为同一域设置多个证书。如果有多个设置，则只有最后一个生效。

（2）使用证书

如果添加了客户端证书，并向已配置的域发出请求，则该证书将随请求自动发送，当然，前提是通过HTTPS发出请求。

下面来验证这一点。打开Postman控制台。发送一个请求到https://postman-echo.com/get。注意，我们使用HTTPS来确保证书被发送。一旦响应返回，切换到Postman控制台（见图3-60）查看自己的请求。展开已发送的请求，将能够看到哪个证书是随请求一起发送的。

图3-60　控制台输出

（3）删除证书

如果要删除证书，单击"SETTINGS"中"Certificates"选项卡下"Client Certificates"旁边的"Remove"链接即可，如图3-61所示。

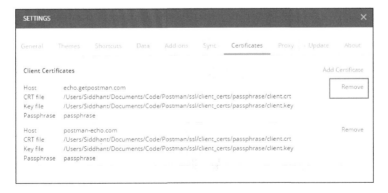

图3-61　删除证书

（4）修改证书

证书创建后不能进行编辑，要对它进行更改，需要删除证书再创建一个符合需要的新证书。

3.3 抓取HTTP请求

如果用户正在使用API构建客户端应用程序——移动应用程序、网站或桌面应用程序，可能希望看到在应用程序中发送和接收的实际HTTP请求。Postman提供了一些工具，帮助用户轻松地捕捉和查看这些网络流量。用户可以在Postman本地应用程序中使用内置代理，或者使用Postman的Chrome浏览器应用程序的扩展拦截器。

> **注意** ▶ 某些网站为了安全性的考虑，可能会启用HSTS（HSTS的全称是HTTP Strict-Transport-Security，它是一个Web安全策略机制），如果网站启用了HSTS，那么Postman将捕获不到HTTPS请求。

1. Postman内置代理

在Postman应用程序中有一个代理用于捕获HTTP请求，其过程如图3-62所示。

① Postman应用程序监听客户端应用程序或设备发出的任何请求。

② Postman代理捕获请求并将请求转发给服务器。

③ 服务器通过Postman代理返回响应应到客户端。

图3-62 抓取请求

2. 设置Postman代理

用户可使用Postman的代理特性来截获从手机发出的HTTP消息,其前提是要确保计算机和手机连接到同一个本地无线网络。截获步骤如下。

① 在Postman中建立代理。

通过单击头工具栏中的图标,打开Postman应用程序中的代理设置窗口,如图3-63所示。

图3-63　打开代理设置窗口

记住在代理设置中显示的端口(见图3-64)。这里使用默认端口5555。将"Target"设置为"History",这将导致所有被捕获的请求存储到"History"选项卡。

② 查看计算机的IP地址。

在计算机右下角的网络连接图标上单击鼠标右键,选择"打开网络和共享中心",单击已连接的网络,查看详细信息。本例中的系统IP地址为192.168.67.67,如图3-65所示。

图3-64　代理设置

图3-65　IP地址

③ 在移动设备上配置HTTP代理。

打开移动设备的无线设置，修改Wi-Fi网络（见图3-66）。将IP地址设置为在第②步从计算机中检索到的IP地址，将端口设置为5555。

从手机端访问Web地址，然后到Postman的"History"选项卡中查看拦截到的请求。本例中用手机端访问了百度网，图3-67是拦截到的请求。

 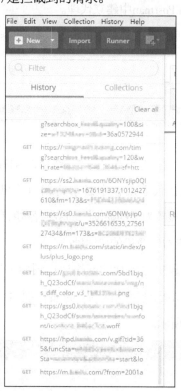

图3-66　手机端设置　　　　　图3-67　拦截到的请求

3.4　拦截器

1. 什么是拦截器

Postman拦截器是一个Chrome浏览器扩展插件，可以作为捕获HTTP或HTTPS

请求的代理。它可以直接从Chrome浏览器捕获网络请求，并将其保存到Postman的"History"选项卡中。这意味着用户可以实时调试Web应用程序API。

拦截器的工作原理如图3-68所示，具体表述如下。

① Chrome浏览器是向Web服务器发送请求的客户端，请求被Postman拦截器拦截。

② 拦截器监听Chrome浏览器的任何调用，捕获请求，并向Postman发送请求。

③ Web服务器将响应直接返回Chrome浏览器。

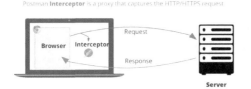

图3-68　拦截器原理

不需要安装或配置代理，也不需要修改代码，用户可以根据一个URL（通过正则匹配）过滤请求。如果用户只是想调试自己应用程序使用的API，使用Interceptor（见图3-69）可以节省很多时间。Postman的Chrome浏览器应用程序可以与Postman扩展拦截器一起使用，以生成和捕获请求。它还可以捕获和操作Cookies，或者设置特定的HTTP Headers。

2. 安装拦截器

① 从Chrome浏览器网上商店安装Postman。

② 通过Chrome浏览器网上商店，安装拦截器扩展插件Interceptor。

③ 打开Postman，单击工具栏上的拦截器图标，将状态切换到"ON"。

④ 浏览自己的应用程序或网站，这时候Postman已经开始监控发出的请求。

图3-69　Interceptor

Postman拦截到的请求如图3-70所示。

图3-70　拦截请求

3. 抓取Cookies

与Postman本地应用程序不同，Postman的Chrome浏览器应用程序本身并不具备处理Cookies的能力，用户可以使用拦截器扩展来克服这个问题。在拦截器上，可以检索特定域中的Cookies，并在发送请求时包含Cookies。

4. 检索Cookies

确保拦截器在Postman头部工具栏中启用（见图3-71）。

图3-71　开启Interceptor

在"Test"选项卡下，可以使用"responseCookies"对象。这将返回一个Cookie对象数组。使用"Postman.getResponseCookie(cookieName)"，将返回一个Cookie对象。每个Cookie对象将包含domain、hostOnly、httpOnly、name、path、secure、session、storeId、value等属性。

5. 设置Cookies

① 确保拦截器已启用。

② 在Headers标签中设置Cookies。例如，name =value;name2 = value2。

③ 发送请求。上面设置的Cookies将随请求一起发送。

6. 受限制的Header

本来，某些Headers受到了Chrome和XMLHttpRequest规范的限制会被屏蔽，比如，Accept-Charset、Accept-Encoding、Access-Control-Request-Headers、Access-Control-Request-Method、Connection、Content-Length、Cookie、Cookie 2、Content-Transfer-Encoding、Date、Expect、Host、Keep-Alive、Origin、Referer、TE、Trailer、Transfer-Encoding、Upgrade、User-Agent、Via。但Postman提供的Interceptor扩展插件可以帮助用户发送这些受限制的Headers。

3.5 代理

代理服务器在用户的内部网络和互联网之间充当安全屏障，使互联网上的其他人无法访问内部网络上的信息。

1. 什么是代理

在标准请求和响应模式中，客户端向服务器发出请求，服务器返回响应，如图3-72所示。

代理服务器是一种应用程序或系统，充当用户计算机和互联网之间的中介，或者更具体地说，用户通过客户端访问网络，请求会先发送到代理，然后由代理转发到目标服务器，并且目标服务器的响应也是经过代理返回客户端的，如图3-73所示。

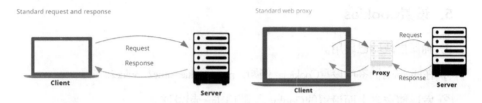

图3-72 标准请求及响应　　　　图3-73 使用代理

代理可以驻留在用户的本地机器上，也可在网络中的某个地方，或者在客户端与互联网上目标服务器之间的任何一点上。

与父母通过孩子传话的方式类似，孩子是一个代理，传递父母之间的所有交流，如图3-74所示。

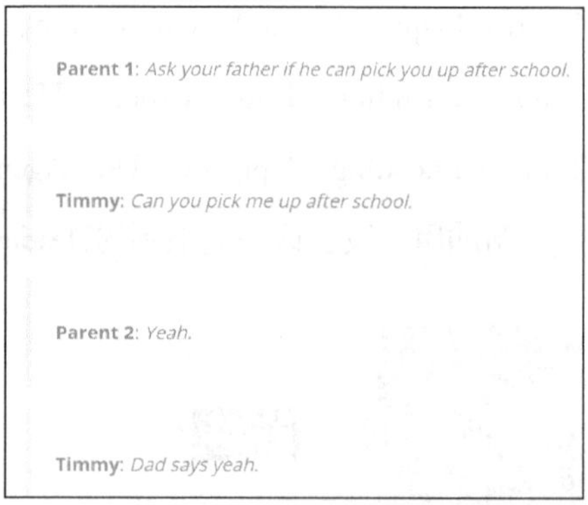

在这个类比中，孩子代表父母转发信息。除了传递信息，代理还可以做更多的事情。

① 记录计算机和互联网之间的所有流量。

② 显示所有请求、响应、Cookies和Headers的内容。

③ 路由到指定的互联网位置。

④ 调试。

⑤ 安全（远离网络直接攻击）。

⑥ DevOps负载均衡。

图3-74 传达消息

代理就像是执行各种功能的中间人。Postman用一个内置的Web代理来捕获API请求。

2. 配置代理设置

下面讲述如何在Postman中配置代理设置，以指导Postman应用程序中的所有请求通过代理服务器进行转发。这不同于通过内置代理捕获网络流量，它允许Postman拦截网络流量。

用户可以指定使用自定义代理或使用操作系统中定义的系统代理。如果所有应用程序需要使用相同的代理，请使用系统代理。如果想将来自Postman的请求发送到自定义代理服务器，请使用自定义代理。

若要配置代理设置，请单击头工具栏右侧的设置按钮，选择"SETTINGS"，并选择"Proxy"选项卡，如图3-75所示。

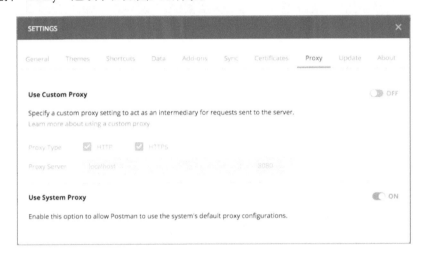

图3-75 "Proxy"选项卡

3. 使用自定义代理

Postman允许用户配置自定义代理（见图3-76），然后通过该代理服务器转发自己的HTTP或HTTPS请求。换句话说，这将通过用户选择的代理服务器发送通过Postman应用程序发送的所有请求。

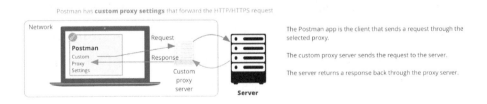

图3-76 自定义代理

① Postman应用程序通过自定义代理服务器发送请求。

② 自定义代理服务器向服务器发送请求。

③ 服务器通过代理服务器返回响应。

自定义代理设置（见图3-77）在默认情况下是禁用的，用户可以使用切换开关打开。

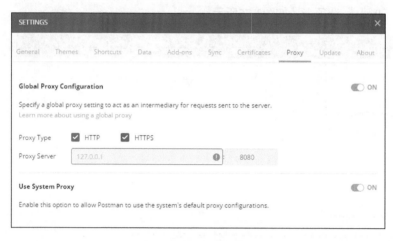

图3-77　代理设置

通过选中复选框来选择代理服务器的类型。默认情况下，假如HTTP和HTTPS都被选中，将意味着HTTP和HTTPS请求都将经过代理服务器。

在代理服务器的第一个字段中，输入代理服务器的主机或IP地址（没有协议）。在代理服务器的第二个字段中，输入代理服务器的端口。

4．使用系统代理

如果所有的应用程序都需要使用相同的代理，那么可能在操作系统级别配置了一个默认代理。使用系统代理设置，通过操作系统的默认配置，将用户的HTTP或HTTPS请求转发给Postman。换句话说，用户在告诉Postman应用程序，所有的请求都使用Postman的系统默认配置。具体如图3-78所示。

① Postman应用程序将请求发送给代理服务器。

② 系统代理服务器将请求发送到服务器。

③ 服务器通过代理服务器返回响应。

Chapter 3 Postman基本操作

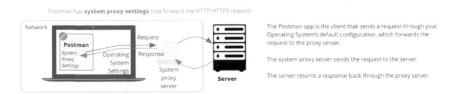

图3-78　系统代理

系统代理设置默认为启用（见图3-79）。任何通过Postman发出的请求都将通过系统代理。

用户可以使用切换开关来开启和关闭这个设置。当关闭时，所有请求都不经过代理。然而，不管应用中的代理设置是什么，如果有环境变量集，Postman仍然会使用系统代理。

图3-79　使用系统代理

> **注意** ▶ 如果系统代理和自定义代理都打开，自定义代理将优先。

3.6　生成代码片段

用户可以将通过Postman发送的请求转换成代码片段，然后集成到自己的应用程序中发出同样的请求。Postman允许用户生成各种语言的代码片段。用户需要单击"Send"按钮下的"Code"链接来打开生成代码片段窗口，如图3-80所示。

图3-80 "Code"链接

1. 生成代码片段

① 使用下拉菜单选择一种语言。

② 单击"Copy to Clipboard"按钮，复制到剪贴板，如图3-81所示，然后将其粘贴到需要用的地方，例如，你的程序中。

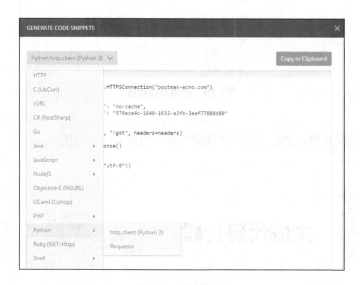

图3-81 复制代码

2. 当前支持的语言/框架

Postman当前支持图3-82和图3-83显示的语言和框架。

Language	Framework
HTTP	None (Raw HTTP request)
C	LibCurl
cURL	None (Raw cURL command)
C#	RestSharp
Go	Built-in http package
Java	OkHttp
Java	Unirest
JavaScript	jQuery AJAX
JavaScript	Built-in XHR
NodeJS	Built-in http module
NodeJS	Request
NodeJS	Unirest

图3-82　支持的语言和框架（一）

Language	Framework
Objective-C	Built-in NSURLSession
OCaml	Cohttp
PHP	HttpRequest
PHP	pecl_http
PHP	Built-in curl
Python	Built-in http.client (Python 3)
Python	Requests
Ruby	Built-in NET::Http
Shell	wget
Shell	HTTPie
Shell	cURL
Swift	Built-in NSURLSession

图3-83　支持的语言和框架（二）

3.7　Postman Echo

Postman Echo为用户提供API调用的示例服务，其中包括GET、POST、PUT等请求及各种Auth机制的请求调用。下面将借助Postman Echo来学习如何构建请求。

3.7.1　请求方法

HTTP有多种请求方法，如GET、PUT、POST、DELETE、PATCH、HEAD等。不同的请求方法定义了请求将如何被服务器解释。Postman支持所有的HTTP请求方法，包括一些很少使用的方法，如PROPFIND、UNLINK等。本节将讲述

HTTP常见请求方法的构建步骤。

1. GET请求

HTTP GET请求方法是从服务器检索数据。数据由统一资源标识符（Uniform Resource Identifier，URI）标示。GET请求将参数拼接在URI后面并传递给服务器（参数的Key与Value之间有"="号，Value不需要引号包裹，多个参数之间用"&"符号连接）。例如https://postman-echo.com/get?foo1=bar1&foo2=bar2中，第一个参数"foo1=bar1"，第二个参数"foo2=bar2"。

用Postman构建请求及收到的响应，如图3-84所示。

图3-84　GET请求

2. POST请求

HTTP POST请求方法是指将数据传输到服务器并引发响应。返回的数据取决于服务器的实现。用户可以将参数拼接在统一资源定位符（Uniform Resource Locator，URL）

后面传递给服务器。例如URL为https://postman-echo.com/post，参数为date=hello postman。用Postman构建请求及收到的响应如图3-85所示。

图3-85　URL拼接参数

以form-data形式传递参数，用Postman构建请求及收到的响应如图3-86所示。

图3-86　from-data形式

以x-www-form-urlencoded形式传递参数，用Postman构建请求及收到的响应如图3-87所示。

图3-87　urlencoded形式

以raw形式传递参数，用Postman构建请求及收到的响应，如图3-88所示。

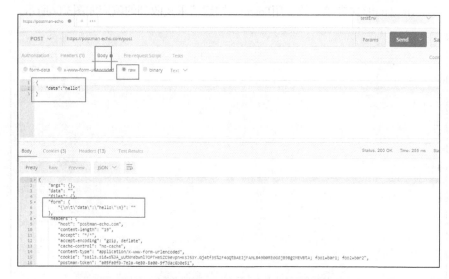

图3-88　raw形式

以binary形式传递参数，用Postman构建请求及收到的响应如图3-89所示。

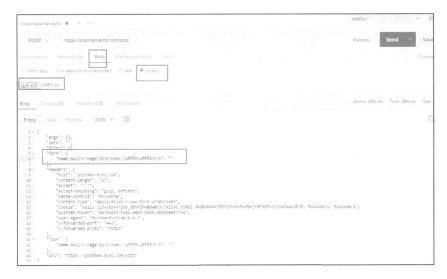

图3-89　binary形式

3. PUT请求

HTTP PUT请求方法类似于HTTP POST。同样是将数据传输到服务器（并引发响应）。返回的数据取决于服务器的实现。用Postman构建请求及收到的响应，如图3-90所示。

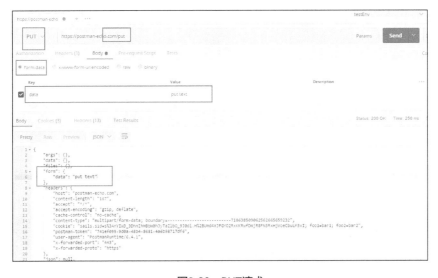

图3-90　PUT请求

4. PATCH请求

HTTP PATCH方法用于在服务器上更新资源。一般来说，PATCH请求支持URI拼接传递参数，也支持在请求体中以form-data的形式传递参数，用Postman构建请求及收到的响应如图3-91、图3-92所示。

图3-91 PATCH请求（一）

图3-92 PATCH请求（二）

5. DELETE请求

HTTP DELETE方法用于在服务器上删除资源。一般来说，DELETE请求支持URI拼接传递参数，也支持在请求体中以form-data的形式传递参数，用Postman构建请求及收到的响应如图3-93所示。

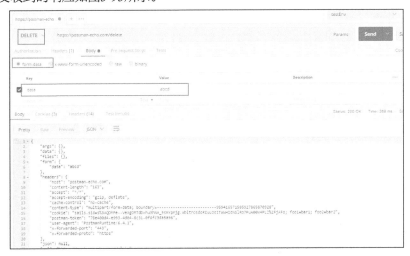

图3-93　DELETE请求

3.7.2　Headers

请求头（Request Headers）是请求报文特有的，它为服务器提供了一些额外信息，例如，客户端希望接收什么类型的数据。

响应头（Request Headers）则便于客户端提供信息，例如，客服端在与哪种类型的服务器进行交互。

1．Get Request Headers

用Postman构建请求头，如图3-94所示。

2．Get Response Headers

借助Postman查看响应头信息，如图3-95所示，该响应包含15个响应头。

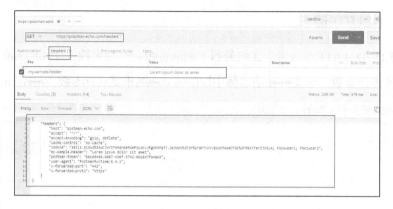

图3-94 Headers

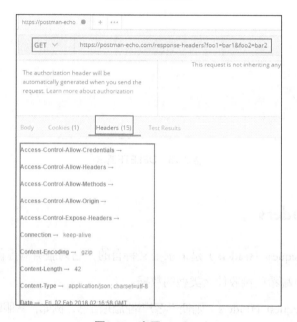

图3-95 查看Headers

3.7.3 认证方法

1. 基本认证

使用Postman来构建基本认证（Basic Auth）权限认证请求，当传递正确的用户名和密码时，将返回一个"200 OK"的状态码，如图3-96所示。

图3-96　Basic Auth权限认证请求

如果不传递密码，或密码传递错误，将返回"401 Unauthorized"，如图3-97所示。

图3-97　返回信息

2. 摘要身份认证

使用Postman来构建摘要身份认证（Digest Auth）权限认证请求，使用方法如图3-98所示。

3. Hawk Auth

Hawk是一种新型的HTTP身份验证方案，下面使用Postman工具来构建Hawk Auth权限认证请求，如图3-99所示。

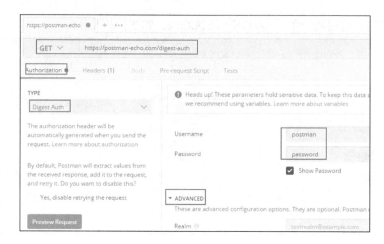

图3-98 Digest Auth权限认证请求

示例接口如下所示。

```
https://postman-echo.com/auth/hawk
Hawk Auth ID:   dh37fgj492je
Hawk Auth Key:  werxhqb98rpaxn39848xrunpaw3489ruxnpa98w4rxn
Algorithm:  sha256
```

图3-99 Hawk Auth身份验证

4．OAuth

正如前文所述，OAuth是一个开放标准，它不需要将用户名和密码提供给第三方应用，就允许用户让第三方应用访问该用户在某一网站上存储的秘密资源。

示例接口如下。

```
https://postman-echo.com/oauth1
Consumer Key:    RKCGzna7bv9YD57c
Consumer Secret: D+EdQ-gs$-%@2Nu7
```

使用Postman工具构建OAuth 1.0权限认证请求，如图3-100所示。

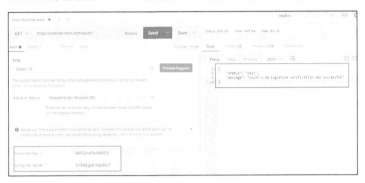

图3-100　OAuth 1.0权限认证请求

3.7.4　Cookies操作

1. 设置Cookies

在接口请求"https://postman-echo.com/cookies/set?foo1=bar1&foo2=bar2"中，有两对"Key=Value"的参数作为GET请求的一部分。这些参数被当成Cookies保存起来，可以被检索或删除。该请求的响应返回一个JSON，其中列出了所有的Cookies，如图3-101所示。

2. 获取Cookie

使用"https://postman-echo.com/cookies"接口请求将获取存储在该域上所有Cookies的列表，如图3-102所示。

3. 删除Cookie

接口请求"https://postman-echo.com/cookies/delete?foo1"用来删除域中指定的Cookies，返回值为域所剩余Cookies（JSON格式），如图3-103所示。

图3-101　请求响应

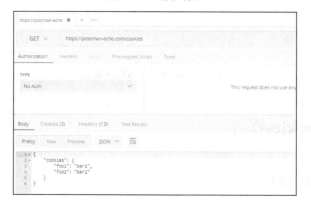

图3-102　获取Cookies

图3-103　删除Cookies

Chapter 4
Postman集合

通过前面的学习，相信读者已经了解了Postman的基本用法，但这不足以用来完成接口测试工作，本章将介绍Postman工具的高级用法，这是顺利进行接口测试的关键。

4.1 变量

借助变量，Postman可以实现业务逻辑与测试数据相分离，这有助于用户创建健壮性的测试用例。本节学习在Postman中使用变量的方法。

4.1.1 变量的概念

1. 什么是变量

变量是来源于数学的概念，在计算机语言中指能存储计算结果或能表示值的抽象概念。变量可以通过变量名访问。简单来说，变量就是可以取不同值的符号。Postman的变量也是一样的工作原理。

2. 为什么使用变量

变量允许在多个位置重用同一个值，这样就可以使代码保持独立。另外，如果想要更改值，则可以通过改变变量来影响变量的值。

这是什么意思呢？假设有3个API请求使用同一个域——domain.com，如下所示。

第一个API请求：baidu.com/x1

第二个API请求：baidu.com/x2

第三个API请求：baidu.com/x3

如果有一天baidu.com变成了so.com，此时你需要更改上面3个API请求的URL。

有没更换的办法呢？假如将baidu.com设置为变量，比如说{{domain}}=baidu.com，那么上面3个API请求就变为如下形式。

第一个API请求：{{domain}}/x1

第二个API请求：{{domain}}/x2

第三个API请求：{{domain}}/x3

如果某一天baidu.com变成了so.com，此时就不需要更改上面3个API请求的URL，而只需要变更变量domain的值即可，即{{domain}}=so.com。

使用Postman的脚本，用户可以设置变量值，从一个请求复制数据，并将其用于另一个请求。

3．变量作用域

作用域其实就是变量的生效范围和优先级。如果同一个变量名在两个不同的范围内，那么优先从更高优先级的范围和变量中取值。Postman遵循如下4个层次来取变量的值。

① Global（全局）。

② Environment（环境）。

③ Local（本地）。

④ Data（数据）。

如果Glocal中有个变量Name=Puck，而Environment中也有一个变量Name=Storm，那么请求中的Name变量值为Storm。换句话说，全局变量被环境变量覆盖，而环境变量被数据变量覆盖（仅在集合运行器中可用）。

4.1.2　管理环境变量

每个环境变量都是一组键值对，其中键为变量名。用户可以使用数据编辑器编辑这些内容。

环境变量和全局变量将始终作为字符串存储。如果正在存储对象/数组，应使用JSON.stringify()将其转为JSON格式再存储，使用的时候再借助JSON.parse()解析。

1．什么是环境变量

在使用API时，经常需要不同的设置，如本地计算机、开发服务器或生产环境API。环境变量使用户能够通过变量定制请求，这样就可以轻松地在不同的环境之间切换，而不需要改变请求。环境变量可以下载并保存为JSON文件，在需要的时候上传，如图4-1所示。

图4-1　管理环境变量

2．创建一个新的环境变量

单击Postman窗口右上角的齿轮图标，选择"Manage Environments"选项。单击"Add"按钮创建一个新环境变量，如图4-2所示。

图4-2　添加环境变量

3．管理环境变量

单击Postman窗口右上角的齿轮图标，选择"Manage Environments"选项，在出现的窗口中除了创建和共享环境变量之外，还可以复制、导出和删除环境变量，也可以导入环境变量的JSON文件。

4．选择当前环境变量

在Postman窗口右上角的下拉菜单，选择一个环境变量作为当前环境变量，或者输入环境变量名，会自动匹配相应的环境变量。一旦选择了一个环境变量，就可以在当前环境范围内访问变量，如图4-3所示。

图4-3　选择环境变量

5．编辑一个当前的环境变量

单击Postman窗口右上角的"Environment Quick Look"图标（橙色的眼睛图标）显示环境变量和全局变量（见图4-4）。

单击"Edit"链接将打开一个用于编辑键值的窗口（见图4-5）。

图4-4　查看变量

图4-5　编辑键值

6. 分享环境变量

单击Postman窗口右上角的齿轮图标,选择"Manage Environments"选项,在出现的窗口中单击"Duplicate Environment"按钮(见图4-6)即可复制环境变量并将其分享给其他人。

图4-6 复制变量

> **注意** ▶ 一般来说,用户会将密码等重要信息保存到变量中,这时候当和其他人分享接口的时候(只分享接口文件,不分享变量文件),就不用担心重要信息泄露的问题了;而其他人也可以新建这些变量,从而使用分享的接口。

4.1.3 管理和查看全局变量

全局变量提供了在所有范围内始终可用的一组变量。用户可以有多个环境变量,但是一次只能激活一个环境变量(设置一个环境变量为当前环境变量)。全局变量只有一组,并且它们总是可用的。

1. 管理全局变量

单击Postman窗口右上角的齿轮图标,选择"Manage Environments"选项,打开

"MANAGE ENVIRONMENTS"窗口（见图4-7）。

图4-7　管理环境变量

单击"MANAGE ENVIRONMENTS"窗口底部的"Globals"按钮，可以显示键值编辑器，并用其来添加、编辑和删除全局变量。在这里也可以导入全局变量的JSON文件（见图4-8）。

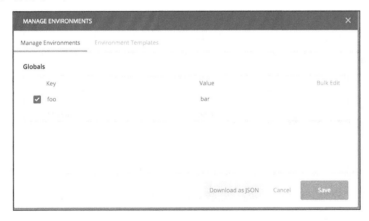

图4-8　全局变量

2. 查看全局变量

单击Postman窗口右上角的"Environment Quick Look"图标（橙色眼睛图标）显示环境变量和全局变量（见图4-9）。单击"Edit"链接将打开一个用于编辑键值的窗口。

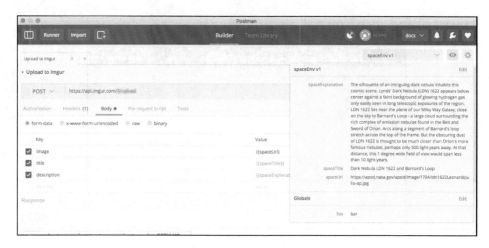

图4-9　查看全局变量

4.2　集合

集合可以理解成请求的总和或合集。使用集合是Postman工具实现自动化测试的必要条件。

4.2.1　创建集合

Postman集合允许分组保存请求,用户还可以在集合下面创建文件夹,对集合下的请求再次分组。如图4-10所示,Postman Echo集合中有8个文件夹,每个文件夹中又包含了若干类别相同的请求。

1. 为什么要创建集合

① 将请求保存到集合和文件夹中,能够更结构化地保存请求,方便再次使用。

② 方便后续构建集成测试套件。

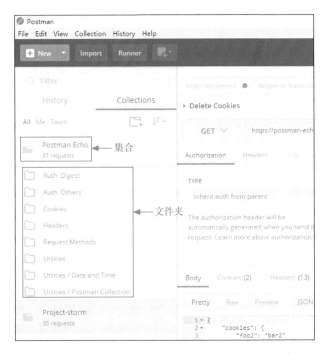

图4-10 集合列表

③ 方便使用脚本在API请求之间传递数据,并构建能够反映实际用例的工作流。

2. 创建一个新的集合

① 打开侧边栏"Collections"选项卡。

② 单击下方图片中的"New collection"图标,如图4-11所示。

③ 输入集合名称和描述信息,即可创建一个集合。

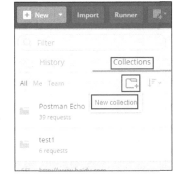

图4-11 创建集合

3. 保存请求到集合

① 在Builder中新建一个请求。

② 单击"Save"按钮,如图4-12所示。

③ 选择一个已存在的集合,或者新建一个集合,然后单击"Save"按钮。

图4-12　保存请求

4. 从"History"选项卡中保存请求到集合

① 如果想保存一个请求到集合，将鼠标指针悬停将在"History"选项卡上的某个请求上，然后单击右侧加号图标即可，如图4-13所示。

② 如果选择了多个请求，单击侧边栏上方的加号图标，如图4-14所示。

③ 选择一个已存在的集合，或者新建一个集合，单击"Save"按钮。

5. 复制一个已存在的集合

① 单击"…"图标，如图4-15所示，展开控制列表。

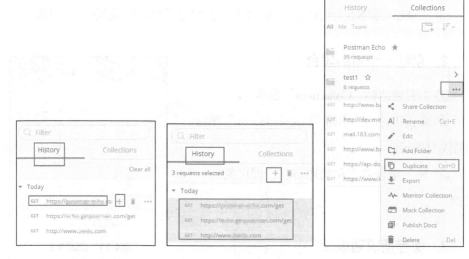

图4-13　从"History"选项卡保存请求　　图4-14　保存多个请求　　图4-15　复制集合

② 从列表中选择"Duplicate"选项，即可复制一个集合。

4.2.2 共享集合

如果想上传或分享一个集合,首先必须登录Postman账号。单击要分享集合旁边的"…"图标,选择"Share Collection"选项,如图4-16所示,打开共享集合窗口。

1."Team Sharing"选项卡

只有Postman Pro的用户才可以使用团队库的方式共享集合,这不在本书的讨论范围之内。

2."Embed Button"选项卡

在"Embed Button"选项卡下,可以单击"Generate Code"按钮共享集合,如图4-17所示。

图4-16 共享集合

3."Collection Link"选项卡

用户可以为集合生成共享链接,如图4-18所示,其他人则可以通过链接访问该集合,集合链接将集合反映为时间的快照,如果更改了集合,必须重新生成链接,否则其他人不能看到集合的更改。因此,这并不是推荐的共享集合的方式。

图4-17 "Generate Code"按钮

图4-18 "Collection Link"选项卡

4. 以文件的方式共享

不管是否登录账户,用户都可以将集合下载为JSON文件进行共享,如图4-19所示。用户可以匿名共享集合,但强烈建议在上传集合时登录到自己的Postman账户,这样便可以更新现有的集合了。

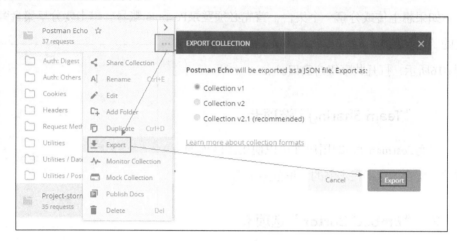

图4-19 导出集合

4.2.3 管理集合

用户可以在"Collections"选项卡中管理集合。

① 单击集合可以展开或隐藏集合中的请求。使用上下方向键可以切换集合。

② 编辑和查看集合细节。单击">"图标展开集合信息(单击后">"图标会变为"<"图标),可以查看集合详情视图。选择"Edit"选项,可以添加名称和描述的数据,以便其他用户了解你的API相关信息,如图4-20所示。

③ 创建一个新集合。单击"New collection"图标,可以创建一个空集合,如图4-21所示。

④ 重新排序集合。集合默认按字母顺序排序,单击右上方"☷"图标,可以选择按集合创建日期排序,如图4-22所示。

⑤ 置顶集合。如果用户正在处理一些特定的集合,可以单击"★"图标将集合置顶,如图4-23所示。

⑥ 过滤集合。假如有很多个集合,可以通过输入框过滤集合,如图4-24所示。

Chapter 4 Postman集合

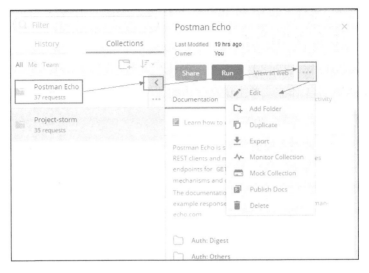

图4-20 编辑集合信息

图4-21 新建集合

图4-22 集合排序

图4-23 集合置顶

图4-24 过滤集合

⑦ 删除一个集合。单击一个集合旁边的"…"图标，并选择"Delete"选项，可以将该集合删除，如图4-25所示。

⑧ 添加文件夹。通过文件夹，可以将用户的API组织得更直观和富有逻辑性，并用来反映用户的工作流。单击集合旁边的"…"图标，并选择"Add Folder"选项即可添加文件夹，如图4-26所示。

用户可以为文件夹添加更深层次的嵌套，如图4-27所示，在fold1文件夹下面嵌套了一个文件夹fold1-1。

图4-25 删除集合

图4-26 添加文件夹

图4-27 文件夹层级

4.2.4 导入/导出文件

Postman可以通过文件的方式导出和导入Collections、Environments、Globals和Header Presets。从Postman应用程序导出一个集合时，导出的文件是一个JSON文件。该文件包含了Postman需要的所有数据，便于在导入Postman后重新创建集合，或者由Newman使用命令行接口（Command Line Interface，CLI）来运行集合。

1．导出Collections文件

单击"Collections"选项卡下的"…"图标，在弹出的列表中选择"Export"选

项，导出集合文件，如图4-28所示。

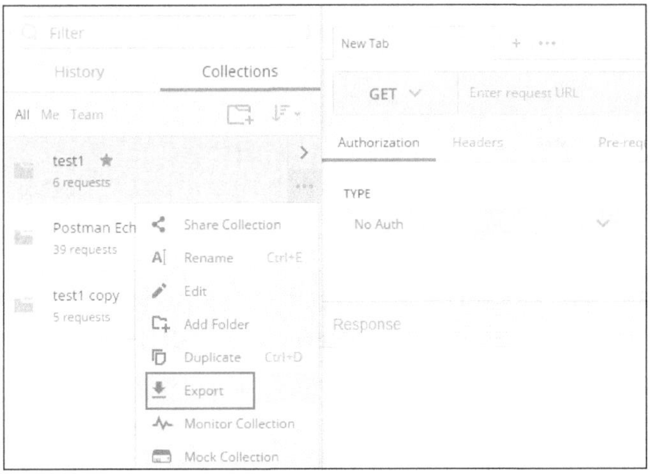

图4-28　导出集合

Postman可以导出三种格式的集合——Collection v1、Collection v2、Collection v2.1，如图4-29所示。其中，Collection v2.1是官方推荐格式。

图4-29　导出集合文件

2. 导出、导入Environments文件

单击"Environment Options"图标，再单击"Manage Environments"图标，打开"MANAGE ENVIRONMENTS"窗口，单击"⬆"按钮，可以导出环境变量文件，单击"Import"按钮，可以导入环境变量文件，如图4-30所示。

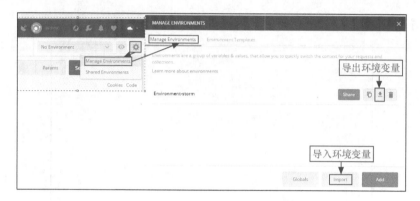

图4-30　导入、导出Environments文件

3. 导出Globals文件

在"MANAGE ENVIRONMENTS"窗口，单击"Globals"按钮，如图4-31所示，即可进入全局变量界面。

图4-31　管理全局变量

单击"Download as JSON"按钮，如图4-32所示，可以将Globals导出成JSON文件。

4. 导入、导出Postman数据

在"SETTING"窗口中的"Data"选项卡下，Postman允许打包所有Collections、

Environments、Globals和Header Presets,并导出为一个JSON文件。也可以利用"Import data"下的"选择文件"按钮,选择一个JSON文件,导入Postman数据,如图4-33所示。

图4-32　导出JSON文件

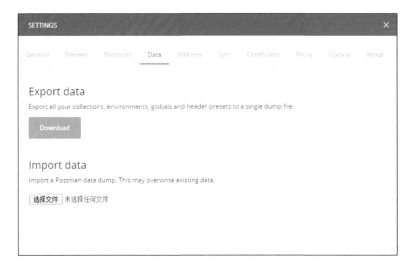

图4-33　导入、导出data

Postman还可以使用Headers工具栏中的"Import"按钮。使用导入窗口导入一个Collections、Environments、Globals等文件,如图4-34所示。

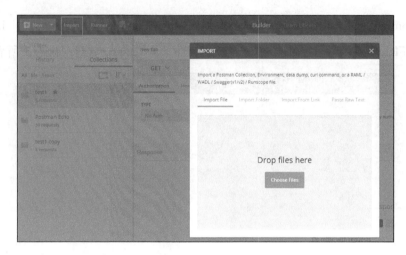

图4-34　导入文件

4.3 集合执行

正如前文所述，集合是一组请求，运行集合，就会依据所选环境变量，发送集合中所有的请求，如果配合脚本，就可以构建集成测试套件，在接口请求之间传递数据，并构建接口实际工作流的镜像。如果想要自动化测试接口，运行集合是非常必要的。

4.3.1 集合运行参数

集合可以在Postman应用程序中使用集合运行器运行，也可以从命令行使用Newman工具运行（有关Newman的用法后续章节会进行介绍）。

下面讨论几个在集合运行器中运行集合时的参数配置。

在Postman中运行集合，单击集合右侧的 ">" 按钮，展开集合详情信息，此时 ">" 按钮变为 "<"，如图4-35所示。

单击 "Run" 按钮，打开Collection Runner集合运行器窗口，如图4-36所示。

Chapter 4
Postman集合

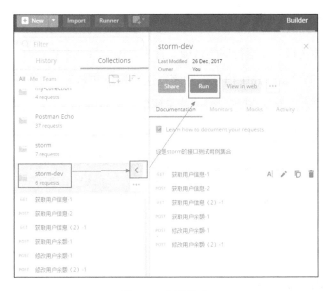

图4-35 运行集合

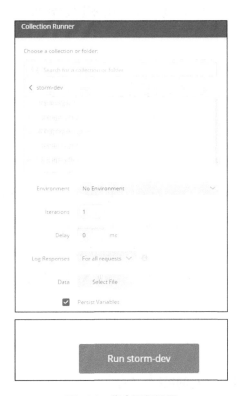

图4-36 集合运行设置

1. Choose a collection or folder

这里设置（选择）要运行的集合或文件夹。当运行一个集合时，集合中的所有请求都按照它们在Postman中出现的顺序发送，这意味着每个文件夹和文件夹中的请求都是按顺序执行的。但是，可以通过使用setNextRequest()方法更改请求发送的顺序以反映工作流程。

如果这里只选择一个文件夹，那就只发送这个文件夹中的请求。

2. Environment

这里设置运行集合时使用的环境变量。

3. Iterations

这里设置集合运行的次数。设置为n，则被选集合中的请求将被发送n遍。

4. Delay

这里设置发送每个请求之间的时间间隔（单位为ms）。如果设置为x，意思就是发送完一个请求，等待x毫秒才发送下一个请求。

5. Log Responses

这里设置集合运行时所记录的日志级别。默认情况下，所有Requests的响应都记录日志，但是对于大型集合，可以更改设置以提高性能。日志共包含如下3个级别。

① For all requests，记录所有请求的响应日志。

② For failed requests，只记录至少一个失败测试请求的响应日志。

③ For no requests，不会记录响应日志。

6. Data

这里可以为集合提供运行的数据文件。

7. Persist Variables

默认情况下，集合运行器中的任何变量更改都不会在请求构建器中反映出来。假设环境变量中有个变量"name=storm"，如果请求执行会设置"name=lina"，选中此选项，将不会更改环境变量name的值；如果不选中，则该请求发送完成后，环境变量name的值变为lina。

4.3.2 使用环境变量

多用环境变量能帮用户创建可以重用的健壮请求。环境变量也可以在集合运行器中使用。接下来看一个示例，这个POST请求在其URL和测试脚本中都使用了环境变量。

该请求的URL和Body信息如图4-37所示。

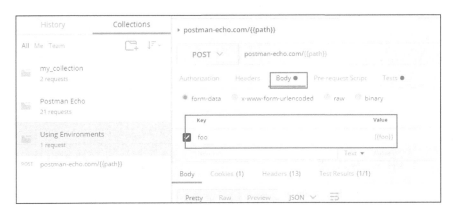

图4-37　请求体信息

"Tests"选项卡的内容如图4-38所示，环境变量如图4-39所示。

测试期望在响应主体中foo的值等于bar。假设在计算之后，将这个变量的值重置为bar2。尝试运行该请求，将看到测试结果为PASS，如图4-40所示。

此时，再来看系统当前环境变量，会发现foo的值变成了bar2，如图4-41所示。

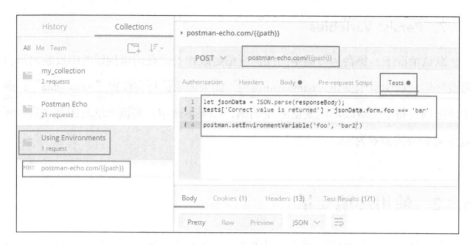

图4-38 请求Tests

图4-39 环境变量

图4-40 测试结果

默认情况下，集合运行器中环境变量（或全局变量）中的任何变量变化都将反映在Postman应用程序窗口中，因为在选项中会检查持久化变量。实际上，如果再次运行这个集合，将看到它的失败，因为上一次运行改变了变量foo的值，如图4-42所示。

默认情况下，在第一次运行集合时会检查持久化变量的设置项。如果不希望在运行期间更新变量，则取消选中"Persist Variables"复选框，如图4-43所示。当用户希望多次运行相同的集合时，该项非常有用。

图4-41　运行后变量　　　　　　　　　图4-42　再次运行的结果

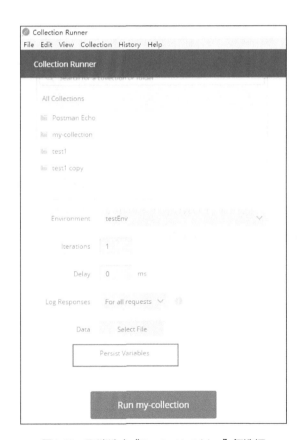

图4-43　取消选中"Persist Variables"复选框

4.3.3 使用数据文件

数据文件是用不同的数据来测试API，以检查它们在各种情况下是否正常运行的非常强大的方法。

我们可以认为数据文件是集合运行的每个迭代的参数。下面来看一个例子，如图4-44所示。

图4-44 集合示例

在这里，有一个包含POST请求的简单集合。如果打开这个请求，将看到在请求中使用的两个变量：path（在URL中）和value（在请求主体中），如图4-45所示。我们将使用JSON / CSV文件向这些变量提供值。

图4-45 请求详情

在"Tests"选项卡中,将会看到在测试脚本中也使用了变量,如图4-46所示。这些变量本身并没有定义。Postman将从集合运行时选择的JSON / CSV文件初始化数据变量。

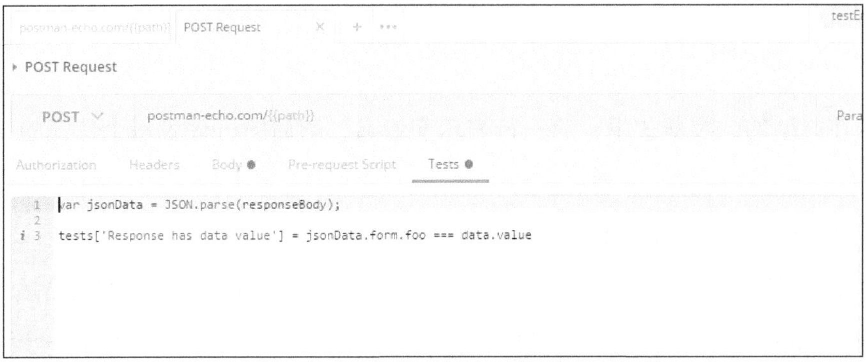

图4-46 请求检查点

先来研究一下数据文件,目前支持JSON和CSV文件。

JSON数据文件看起来是这样的。

```
[{
  "path": "post",
  "value": "1"
}, {
  "path": "post",
  "value": "2"
}, {
  "path": "post",
  "value": "3"
}, {
  "path": "post",
  "value": "4"
}]
```

这是一个对象数组。每个对象代表一个迭代的变量值。该对象的每个成员代表一个变量。这样,在第一次迭代中,path=post,而value=1。类似地,在第二次迭代中,path=post,value=2。在这个例子中,变量path的值没有变,变量value的值有变化。当然了这完全取决于用户如何设计自己的测试数据。

数据文件也可以是CSV格式。CSV文件格式是这样的。

```
path, value
  post, 1
  post, 2
  post, 3
  post, 4
```

在典型的CSV样式中，第一行表示变量名，随后的行代表每个迭代的变量的值。

请注意，每次只能使用一个数据文件。

现在已经了解了如何构造数据文件，接下来将这个数据文件提供给集合运行。单击"Collection Runner"窗口中的"Select File"按钮，并选择其中一个数据文件，界面显示如图4-47所示，此时可以单击文件名旁边的"Preview"按钮来查看每个变量在各次迭代中的值，如图4-48所示。

图4-47　选择数据文件

现在运行集合，将看到所有测试都通过了，如图4-49所示。如果打开请求调试工具，并展开请求体，将看到变量{{value}}被数据文件所指示的值所代替。实际上，对于不同的迭代，这个值是不同的，如图4-50所示。通过这种方式，将不同类型的数据传给了API，并且确保了每个案例都能正常工作。

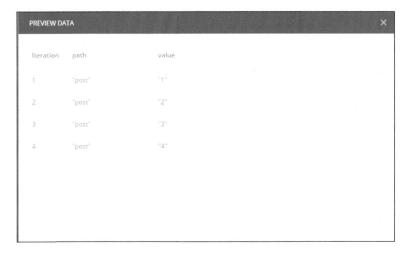

图4-48 变量文件的值

图4-49 运行结果

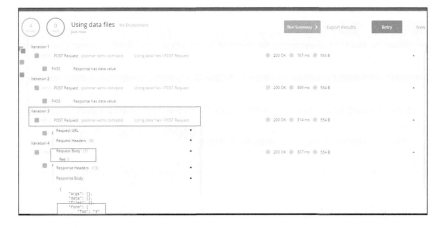

图4-50 请求详情

再来看一遍测试脚本。变量数据是一个预定义的变量,它从数据文件中获取值。随着每次迭代，它的值将从指定的文件中得到新的数据。数据是一个对象，所有变量在文件中定义为键。由于这个API回传了发送给它的任何东西，所以可以断言Echo的返回值与文件所指定的值相同。

> **注意** ▶ 在所有可以使用环境变量的地方都可以使用数据文件，但Pre-request Script和Tests中不可使用。

4.3.4 迭代运行集合

"Collection Runner"窗口的"Iterations"选项反映了集合运行的次数。本书提供一个需要运行5次迭代的集合，如图4-51所示。

图4-51 集合迭代次数

集合运行结果如图4-52所示。

1. 在迭代之间切换

要在迭代之间快速跳转，可以单击右边栏中的一个数字，每个数字代表一个迭代，如图4-53所示。

图4-52　集合运行结果

2. 使用过滤器

左侧边栏包含3个过滤器，如图4-53所示，它们可以用来显示所有通过或失败的测试。这在查找失败的测试时非常有用，这样就可以在API中快速找到漏洞（bug）了。

图4-53　过滤器和迭代次数

3. 调试多次迭代

当运行多次迭代时，想要检查所有的工作是否如所期望的那样，需要不停地切换迭代来查看运行结果。这个动作是单调且乏味的，于是，Postman提供了一个运行摘要页面。当运行完成（或停止）时，用户可以通过单击"Run Summary"按钮

（它是连一个橙色按钮）打开"Run Summary"选项卡，如图4-54所示。

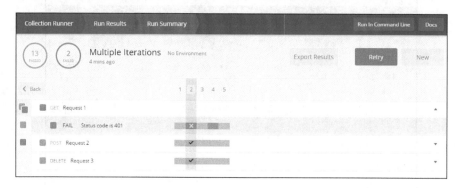

图4-54　Run Summary选项卡

顾名思义，这个屏幕就是运行结果的概述。在这里，可以看到每个请求及其执行的状态。如果所有的测试都通过，则请求被视为Passed。类似地，如果一个或多个测试失败，则标记为Failed。

标题中的数字表示处于哪次迭代。这能准确地指出错误发生在何处。单击迭代数字将会进入到这个迭代中，这样就可以进一步调查可能出错的地方。

集合运行器中的迭代在第一次迭代中以1为索引，即1为起点。注意，这与在Postman沙箱中以编程方式访问的迭代计数不同，后者在第一次迭代开始时以0为索引。

4.3.5　创建工作流

1. 基本用法

当用户启动一个集合运行时，所有请求都按照其在Postman中的顺序运行，这意味着内部的所有请求首先按其所在文件夹的顺序执行，然后是集合的根节点内的所有请求。然而，可以使用一个名为setNextRequest()的内置方法更改此行为。

setNextRequest()，顾名思义，允许用户指定接下来将运行哪个请求。接下来看下面的示例。

假设有一个包含4个请求的集合。如果直接运行该集合，那么集合运行器将依次运行4个请求，如图4-55所示。

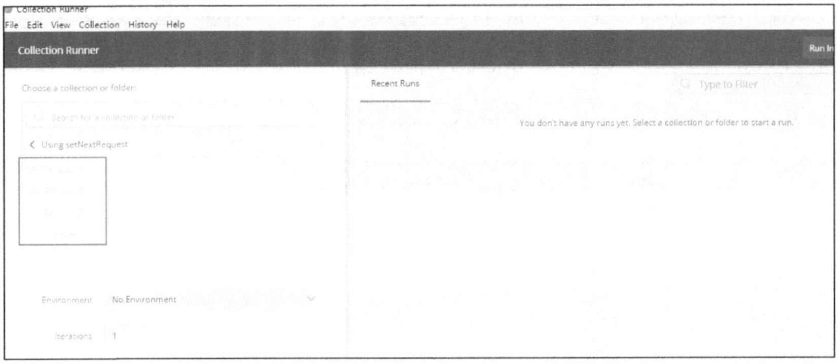

图4-55　Collection4.json

正常运行结果如图4-56所示。

图4-56　运行结果

现在，添加postman.setNextRequest()到Request 1的测试脚本，如图4-57所示。

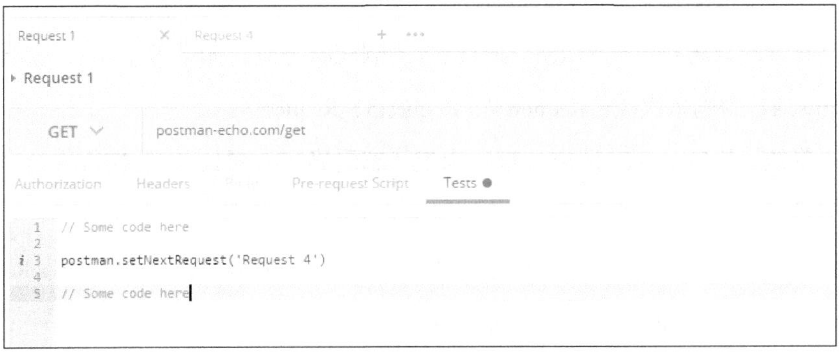

图4-57　测试

setNextRequest()是一个带有参数的函数方法，要传递的参数是接下来要运行的请求的名称或ID。在这个例子中，将在Request 1中的"Tests"选项设置下一个执行请求为Request 4。这意味着在Request 1完成之后，执行将跳转到Request 4。再次运行相同的集合，将看到只运行两个请求，如图4-58所示。

图4-58　运行结果

> **注意** ▶ setNextRequest()只会与集合运行器和Newman一起工作，其中的意图是运行一个集合，而不是发送单个请求。

2. 高级用法

本书已经讲解了setNextRequest()是如何工作的，接下来讲解如何用它来做一些更高级的事情。查看Request 1请求，在"Tests"选项中增加如下脚本。

```
if (responseCode.code === 401) {
    postman.setNextRequest('Request 4');
}
```

该脚本的意思是，判断Request 1请求的响应状态码，如果等于401，就跳转执行Request 4，否则依次执行Request 2、Request3、Request 4。

先单独执行Request 1请求，查看响应状态码确实为401。然后执行集合，查看运行结果，Request 1请求执行完，直接跳转到Request 4请求。

① setNextRequest()，总是在当前脚本的末尾执行。这意味着，即便把setNextRequest()放到了一些脚本的前面，这些脚本依然被执行。

② setNextRequest()，有一定的适用范围。如果运行一个集合，可以跳转到集合

中的任何请求。但是，如果运行一个文件夹，setNextRequest()的范围仅限于该文件夹。这意味着可以跳转到该文件夹内的任何请求，但不能跳转到文件夹之外的任何请求（不能跳转到其他文件夹或者文件夹以外的集合根目录）。

4.3.6 分享集合运行结果

分享一个集合运行结果很简单，只需将集合运行结果导出，然后接收方将其导入到自己的Postman中即可。

1. 导出集合运行结果

要导出一个集合运行结果，单击"🖹"图标，如图4-59所示。然后，可以将JSON文件保存到指定目录。

图4-59 导出集合运行结果

如果无法通过标题确定要导出哪个集合执行结果，则可以单击查看集合运行详情，单击"Export Results"按钮导出，如图4-60所示。

图4-60 集合运行详情导出

2. 导入集合运行结果

要导入一个集合运行结果，单击"Collection Runner"窗口右上角橙色"Import Test Run"按钮，将打开一个文件选择器，然后可以导入集合运行结果，如图4-61所示。

图4-61　导入测试运行

4.3.7　集合运行排错

通常情况下，事情不会按照计划进行，即使你期望它们都通过，但有时你的请求还是会测试失败。当出现这种情况时，有两种方法可以调试请求。这里以运行Postman Echo集合（Postman工具自带集合）来举例。集合执行结果如图4-62所示。

图4-62　集合执行结果

单击图4-62中的"红色方块"，过滤测试结果为FAIL的请求，如图4-63所示。

图4-63　FAIL请求

从图4-63中，可以看到Delete Cookies请求有两个测试点FAIL，Between timestamps请求有一个测试点FAIL。这里拿Delete Cookies请求举例，来看一下该请求的"Tests"选项卡里面的检查点，如图4-64所示。

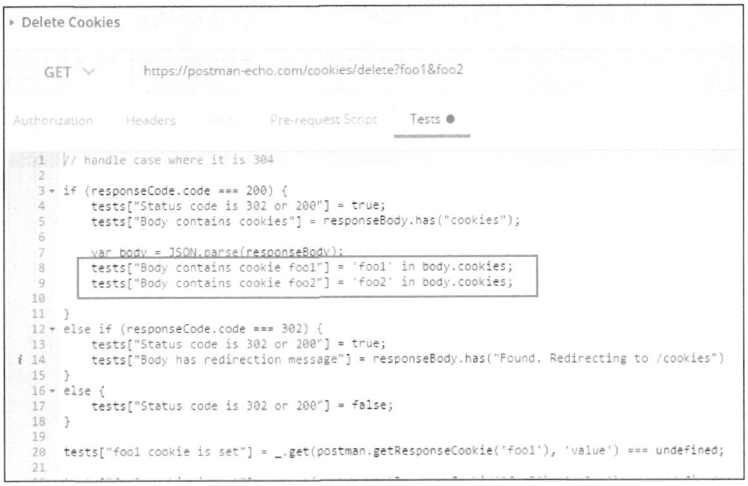

图4-64　测试点

图4-64方框中两个检查点的意思是响应体（responseBody）中包含名为foo1和foo2的Cookies。

1．通过请求体和响应体来排错

当单击请求名称的时候，会出现浮动窗口，可以单击列表行来查看对应的内容，如图4-65所示。

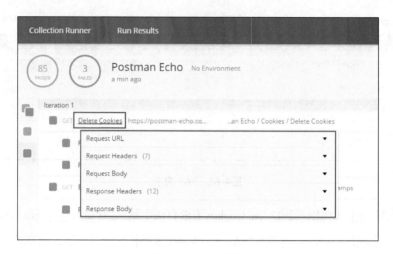

图4-65　请求详情

单击"Response Body",查看响应体的内容,如图4-66所示。

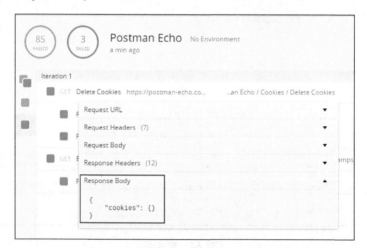

图4-66　响应体内容

用户可以看到响应中确实不包含名为foo1和foo2这两个Cookies,可见,Postman工具显示测试"FAIL"是对的,它并没有"欺骗"我们。

2. 通过Postman的Console排错

这里,先打开"Postman Console"窗口,再次执行集合,查看"Postman

Console"窗口，结果如图4-67所示。

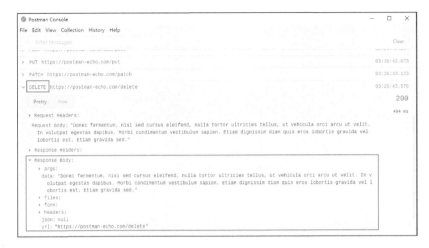

图4-67　控制台输出

"Postman Console"窗口将记录所有请求并将它们显示在列表中。这里，可以找到Delete Cookies请求，然后观察一下Response Body，发现确实不包含名为foo1和foo2的Cookies。

注意 ▶ 用户需要在请求运行前打开"Postman Console"窗口。

Chapter 5
Postman脚本的应用

前面章节解决了"请求本身"的问题,但"请求前后的动作"是怎样处理的呢?比如在发送一个请求前,需要获取当前时间戳,这就需要用到Pre-request Script的知识了。另外,似乎还忽略了一个非常重要的知识点,请求返回响应后,如何自动判断响应是否正确呢?这就需要用到Tests的知识。本章将重点介绍Pre-request Script和Tests的相关知识。

Chapter 5 Postman脚本的应用

5.1 脚本介绍

Postman支持JavaScript，它允许用户向请求和集合添加动态行为。通过使用JavaScript脚本，可以构建包含动态参数的请求，在请求之间传递数据。用户可以在下面的两个事件流中添加JavaScript代码。

① 在请求发送到服务器之前，添加作为"Pre-request Script"选项卡下的预请求脚本。

② 在收到响应之后，添加作为"Tests"选项卡下的测试脚本。

具体如图5-1所示。

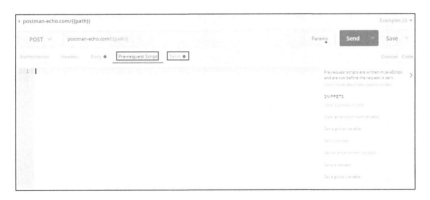

图5-1 构建区脚本选项卡

用户可以将预请求和测试脚本添加到一个集合、一个文件夹、一个请求中。

1. 为集合添加脚本

① 依次选择集合右侧的">""→""…""→""Edit"选项，如图5-2所示。

② 在打开的"EDIT COLLECTION"（集合编辑器）窗口中，编辑"Pre-request Scripts"和"Tests"选项卡下的脚本，如图5-3所示。

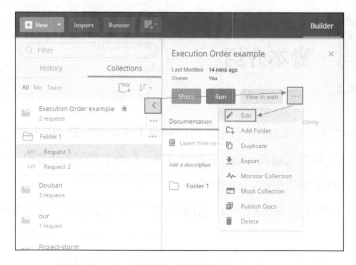

图5-2　编辑集合

图5-3　编辑集合脚本

2. 为文件夹添加脚本

① 依次选择文件夹右侧的"…""→""Edit"选项，如图5-4所示。

② 在打开的文件夹编辑器中，编辑"Pre-request Scripts"和"Tests"选项卡下

的脚本，如图5-5所示。

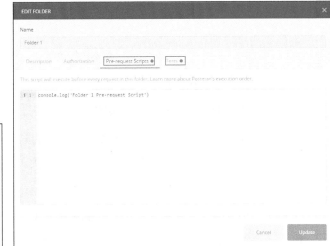

图5-4　编辑文件夹　　　　　　　图5-5　编辑文件夹脚本

3. 为请求添加脚本

打开请求，直接在"Pre-request Script"和"Tests"选项卡下添加脚本，如图5-6所示。

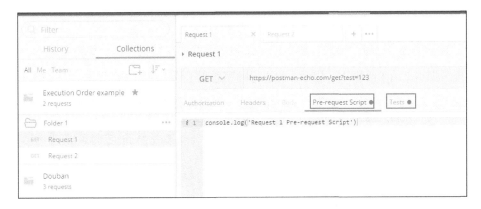

图5-6　编辑请求脚本

在Postman中，单个请求的脚本执行顺序如图5-7所示。

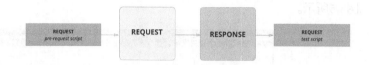

图5-7　脚本执行顺序

① 与请求相关联的预请求脚本将在请求发送之前执行。

② 与请求关联的测试脚本将在接收响应之后执行。

对于集合中的每个请求，脚本将按照图5-8所示的顺序执行。

① 与集合相关的预请求脚本将在集合中的每个请求之前运行。

② 与文件夹相关联的预请求脚本将在文件夹中的每个请求之前运行。

③ 与集合相关的测试脚本将在集合中的每个请求之后运行。

④ 与文件夹关联的测试脚本将在该文件夹中的请求之后运行。

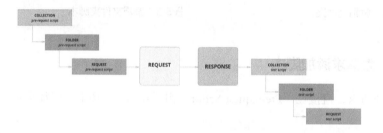

图5-8　集合脚本执行顺序

对于集合中的每个请求，脚本总是按照下面的层次结构运行：集合级脚本、文件夹级脚本、请求级脚本。注意，此执行顺序适用于预请求和测试脚本。为了验证其正确性，可以创建这样一个集合，其中包含一个文件夹和两个请求，如图5-9所示。

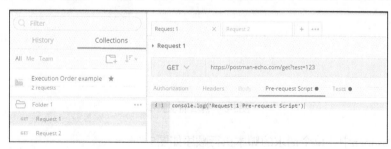

图5-9　示例集合

如果在集合、文件夹和请求的预请求和测试脚本部分中创建了日志语句，那么将清楚地看到"Postman Console"窗口中的执行顺序，如图5-10所示。

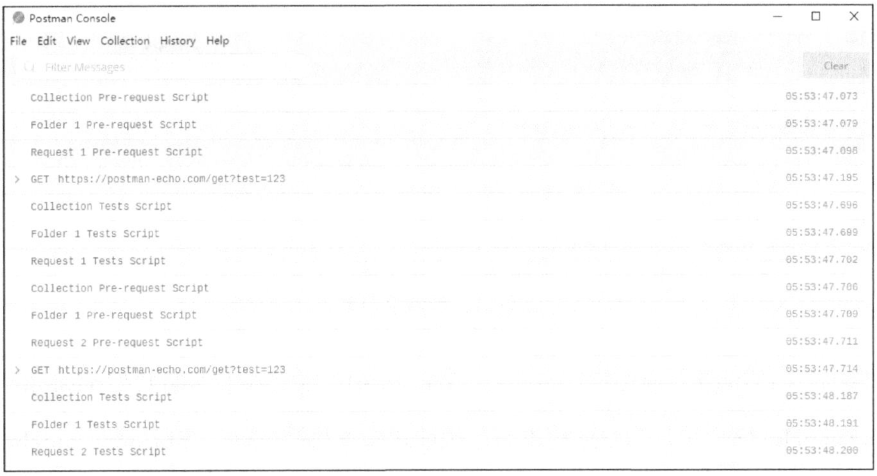

```
Postman Console
File  Edit  View  Collection  History  Help
                                                                    Clear
    Filter Messages
    Collection Pre-request Script                                05:53:47.073
    Folder 1 Pre-request Script                                  05:53:47.079
    Request 1 Pre-request Script                                 05:53:47.098
>   GET https://postman-echo.com/get?test=123                    05:53:47.105
    Collection Tests Script                                      05:53:47.696
    Folder 1 Tests Script                                        05:53:47.699
    Request 1 Tests Script                                       05:53:47.702
    Collection Pre-request Script                                05:53:47.706
    Folder 1 Pre-request Script                                  05:53:47.709
    Request 2 Pre-request Script                                 05:53:47.711
>   GET https://postman-echo.com/get?test=123                    05:53:47.714
    Collection Tests Script                                      05:53:48.187
    Folder 1 Tests Script                                        05:53:48.191
    Request 2 Tests Script                                       05:53:48.200
```

图5-10　控制台输出

> **注意** ▶ Postman本地应用版本和Postman插件版本所使用的脚本方法不同，前者能实现更多的功能，其中较大的区别是插件版本不能调用Postman本地应用版本中的pm对象。因此接下来将以Postman本地应用版本为例，介绍脚本的使用方法。

5.2　预请求脚本

预请求脚本，顾名思义，是指在请求发送之前执行的脚本。如果想在请求发送时包含当前时间戳或者一个随机的字母、数字、字符串，在这个场景下使用预请求脚本是很好的。例如，要在请求头中包含一个时间戳，可以设置一个环境变量，其值从函数返回，如图5-11所示。

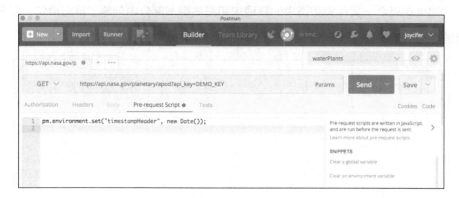

图5-11　预请求脚本

然后，可以通过输入"{{timestampHeader}}"来访问header数据编辑器中的timestampHeader变量。当发送请求时，预请求脚本将被执行，并且timestampHeader的值将被赋给变量{{timestampHeader}}。如图5-12所示，在Headers中通过使用{{ timestampHeader }}来传递变量。

图5-12　传递变量

Postman提供了预请求脚本的功能，这极大地方便了用户的测试，可能部分用户看到脚本开始担心了，例如，不会使用JavaScript，不知道pm、Environment等关键字的意思，没关系，Postman准备了常用脚本示例，这些脚本能够满足大多数接口测试的需求，接下来，一起认识一下它们吧！Postman在右侧区域列出了常用脚本示例，如图5-13所示。

Chapter 5
Postman脚本的应用

图5-13 常用脚本示例

1. 准备工作

① 准备一个接口，如前面用到的豆瓣图书查询接口。

get请求：https://api.douban.com/v2/book/search?q=笑傲江湖

② 打开"Postman Console"窗口

单击Postman左下角的"▣"图标，如图5-14所示，或使用组合键"CMD/Ctrl + Alt + C"，打开"Postman Console"窗口。

③ 了解函数console.log（"Hello World！"），图5-14 打开"Postman Console"窗口
知道它用于在"Postman Console"窗口输出信息，如图5-15所示。

图5-15 console.log输出

> **注意** "Postman Console"窗口输出内容的顺序体现了脚本执行的顺序,即Pre-request-Script请求中的脚本先执行,然后才发送接口的请求。

2. 设置变量、获取变量值的示例脚本

(1) Set a global variable(设置一个全局变量)的示例如下。

```
pm.globals.set("variable_key", "variable_value");
```

(2) Set an environment variable(设置一个环境变量)的示例如下。

```
pm.environment.set("variable_key", "variable_value");
```

(3) Get a global variable(获取一个全局变量)的示例如下。

```
pm.globals.get("variable_key");
```

(4) Get an environment variable(获取一个环境变量)的示例如下。

```
pm.environment.get("variable_key");
```

(5) Get a variable(获取一个变量)的示例如下。

```
pm.variables.get("variable_key");
```

> **注意** 脚本中的双引号和分号都是英文格式。

先来看看原始的接口请求:它只是一个普通的GET请求,没有Pre-request Script脚本,如图5-16所示,没有Tests脚本,如图5-17所示,使用Environment-test1(没有全局变量,只有一个普通变量"name=storm"),如图5-18所示。

图5-16 请求Pre-request Script脚本

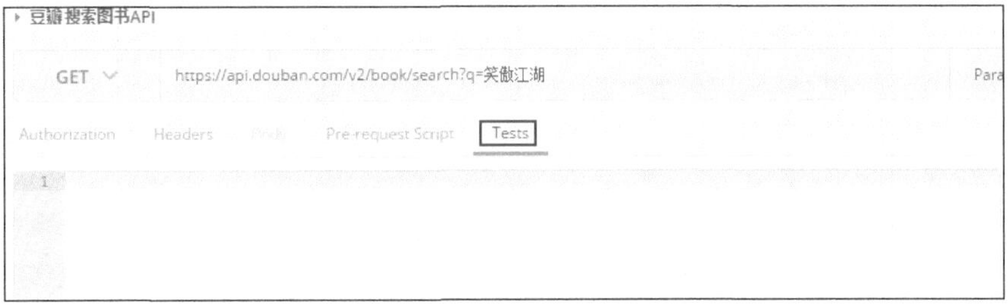

图5-17 请求无Tests脚本

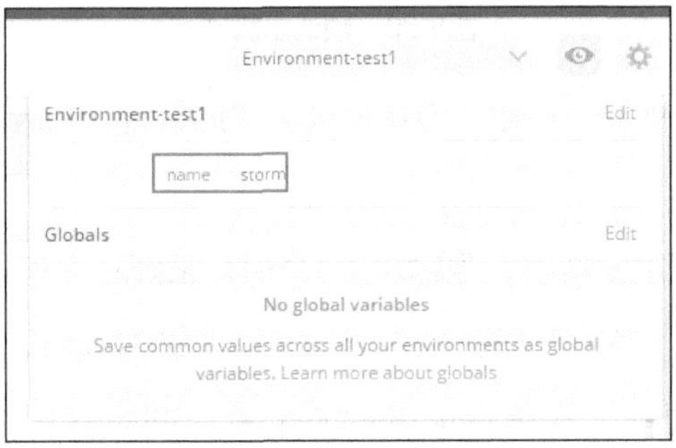

图5-18 当前变量

接下来，通过单击示例脚本，向Pre-request Script中添加脚本示例，此处添加了一个Set a global variable脚本，如图5-19所示。

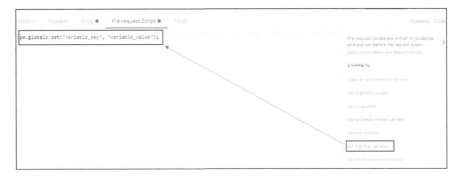

图5-19 添加全局变量脚本

修改变量名和值（key1 = value1），然后添加一个environment variable（key2 = value2），最后通过console.log语句输出globals、environment变量及当前环境中的变量name，如图5-20所示。

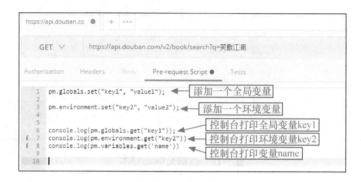

图5-20　预请求脚本

接下来，单击"Send"按钮，发送请求，"Postman Console"窗口的输出情况如图5-21所示。

可以看到，在请求发送前，先输出了3个值，正好对应Pre-request Script。再来看看Postman的变量，当前环境变量中增加了一个键为key2、值为value2的环境变量；增加了一个键为key1、值为value1的全局变量，如图5-22所示。

图5-21　Postman Console窗口输出　　　　图5-22　当前变量

3．清除变量的示例脚本

（1）Clear a global variable（清除一个全局变量）的示例如下。

```
pm.globals.unset("variable_key");
```

（2）Clear an environment variable（清除一个环境变量）的示例如下。

```
pm.environment.unset("variable_key");
```

下面修改Pre-request script，来验证上面两个方法，如图5-23所示。

Chapter 5
Postman脚本的应用

图5-23 预请求脚本

发送接口请求，查看"Postman Console"窗口的输出，如图5-24所示。

再看Postman的当前变量，如图5-25所示。

图5-24 Postman Console窗口的输出　　　图5-25 当前变量

从图5-25可知，环境变量key2和全局变量key1，都已经被删除了。

4．发送请求示例脚本

Send a request（发送一个请求）的示例如下。

```
pm.sendRequest("https://postman-echo.com/get", function (err, response) {
    console.log(response.JSON());
});
```

修改Pre-request Script，在测试豆瓣搜索图书接口前，先发送一个请求，如图5-26所示。

查看"Postman Console"窗口的输出，可以看到先通过Pre-request Script脚本发送了一个GET请求，然后才发送被测的接口请求，结果如图5-27所示。

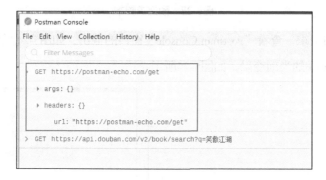

图5-26　预请求脚本

图5-27　"Postman Console"窗口的输出

Postman提供的预请求脚本现在已经全部演示完毕，接下来学习测试脚本的知识。

5.3　测试脚本

Postman工具借助测试脚来帮助用户自动判断接口请求是否正确，相当于LoadRunner工具中的检查点或者JMeter中的断言功能。

5.3.1　Tests基础知识

如果将预请求脚本看成是接口的前提条件，那么测试脚本就是"预期结果"，借助Tests能实现接口响应的自动检验。同样，用户可以使用JavaScript语言为每个请求编写和运行测试脚本，如图5-28所示。

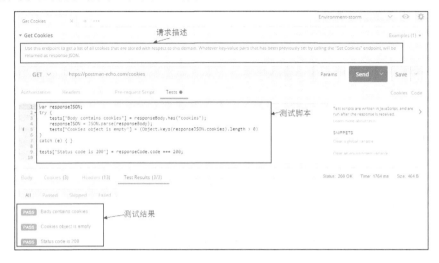

图5-28　Tests脚本

虽然在编写测试时需要使用的脚本很少，但Postman还是在编辑器旁边列出常用的代码片段来简化这个过程。用户可以单击要添加的代码片段，将其添加到测试编辑器中。这是快速构建测试用例的方法。示例脚本位于右侧区域，如图5-29所示。

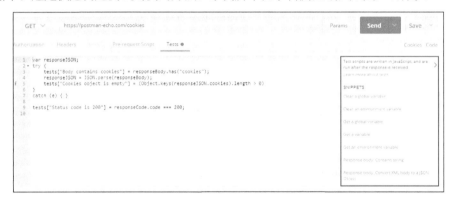

图5-29　Tests示例脚本

理论上来说，用户可以为某个请求添加任意多个测试脚本，这取决于想要测试的点。

Postman每次发送请求时都执行测试。结果显示在Response下的"Test Results"选项卡中。选项卡标题显示执行和通过测试的数量，并在选项卡中列出了详细的测试结果。如果测试结果为真，则显示PASS；反之，则显示FAIL，如图5-30所示。

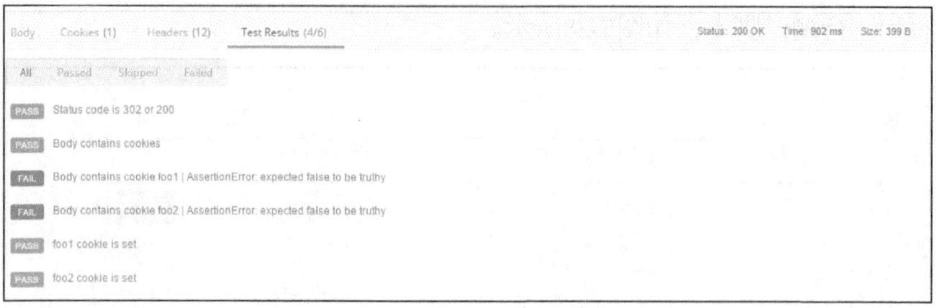

图5-30 "Test Results"选项卡

5.3.2 脚本示例

测试脚本在发送请求，并从服务器收到响应后才开始执行。接下来看看Postman提供了哪些测试脚本片段。

1. 操作变量及发送请求脚本

（1）Set a global variable（设置全局变量）的示例如下。

pm.globals.set("variable_key", "variable_value");

（2）Set an environment variable（设置环境变量）的示例如下。

pm.environment.set("variable_key", "variable_value");

（3）Get a global variable（获取全局变量）的示例如下。

pm.globals.get("variable_key");

（4）Get an environment variable（获取环境变量）的示例如下。

pm.environment.get("variable_key");

（5）Get a variable（获取变量）的示例如下。

pm.variables.get("variable_key");

（6）Clear a global variable（清除全局变量）的示例如下。

pm.globals.unset("variable_key");

（7）Clear an environment variable（清除环境变量）的示例如下。

```
pm.environment.unset("variable_key");
```

（8）Send a request（发送一个请求）的示例如下。

```
pm.sendRequest("https://postman-echo.com/get", function (err, response) {
    console.log(response.json());
});
```

以上8个方法和Pre-request Script中的类似，在此不赘述，下面着重看看几个示例脚本。

2. Response body: Contains string（检查响应体中是否包含一个字符串）

具体示例如下。

```
pm.test("Body matches string", function () {
    pm.expect(pm.response.text()).to.include("string_you_want_to_search");
});
```

这里要求接口响应必须包含"金庸"字符串，否则报错，如图5-31所示。

图5-31　Tests脚本

测试结果为PASS，响应体中确实包含"金庸"字样。

3. Response body: Convert XML body to a JSON Object（将XML格式的响应体转换成JSON对象）

假如响应体是XML格式，将其后转换成JSON对象，再对其进行操作。

```
var JSONObject = xml2JSON(responseBody);
```

接口示例如下。

GET请求，URL为http://wthrcdn.×××.cn/WeatherApi?citykey=101010100（虚拟URL），这是一个获取天气情况的API，返回结果为XML格式，请求响应如图5-32所示。

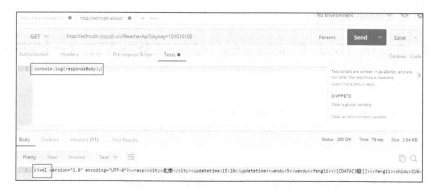

图5-32　Tests脚本

控制台输出如图5-33所示。

图5-33　控制台输出

借助上面的方法将其转换为JSON格式查看，如图5-34所示。

图5-34　转换为JSON格式

控制台输出如图5-35所示。

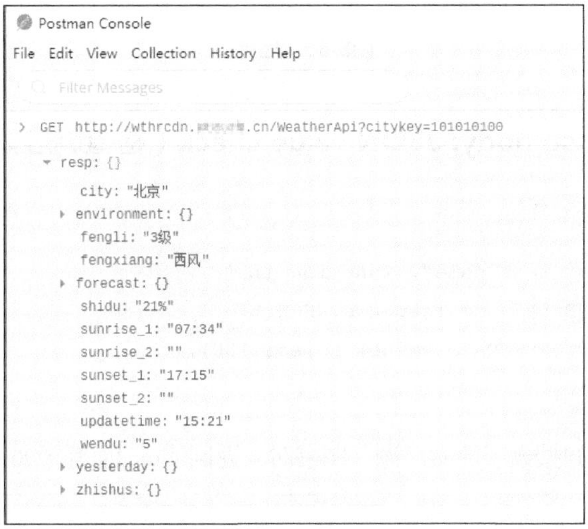

图5-35　JSON结果

4．Response body: Is equal to a string（检查响应体等于一个字符串）

具体示例如下。

```
pm.test("Body is correct", function () {
    pm.response.to.have.body("response_body_string");
});
```

要求响应体必须等于某个字符串，这里，期望响应体等于"金庸"，如图5-36所示。结果为FAIL，因为响应体是上面那一大段文字，不等于"金庸"。

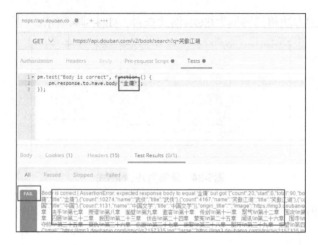

图5-36　检查点

5．Response body: JSON value check（检查响应体的JSON值）

具体示例如下。

```
pm.test("Your test name", function () {
    var JSONData = pm.response.JSON();
    pm.expect(JSONData.value).to.eql(100);
});
```

假设要求该API搜索"笑傲江湖"图书时，返回的total值等于90，如图5-37所示。

图5-37　测试结果

结果为PASS。当然，可以将total替换成count、start等JSON的键。

6．Response headers: Content-Type header check（检查响应中包含某个header）

具体示例如下。

```
pm.test("Content-Type is present", function () {
    pm.response.to.have.header("Content-Type");
});
```

这里检查接口中包含"Content-Type"header，如图5-38所示。

图5-38　检查点

检查结果为PASS，如图5-39所示。

7．Response time is less than 200ms（检查响应时间，要求小于200ms）

具体示例如下。

```
pm.test("Response time is less than 200ms", function () {
    pm.expect(pm.response.responseTime).to.be.below(200);
});
```

这里，假设测试接口请求要求响应时间为1 000ms，如图5-40所示。

可以看到本次接口请求响应时间为279ms（每次请求响应时间不同），小于1 000ms，测试结果为PASS。

图5-39　测试结果

图5-40　检查点及测试结果

8. Status code: Code is 200（要求该接口响应Code为200）

具体示例如下。

```
pm.variables.get("variable_key");
```

测试要求接口响应code=200，如图5-41所示。

测试结果为PASS。

图5-41　检查code

9．Status code: Code name has string（要求code名称当中包含某个字符串）

具体示例如下。

```
pm.test("Status code name has string", function () {
    pm.response.to.have.status("OK");
});
```

这里要求返回结果Status中包含"OK"字符串，如图5-42所示。

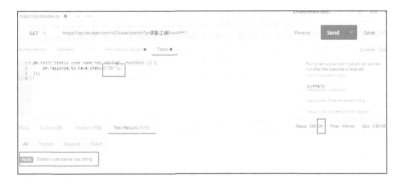

图5-42　检查Status

测试结果为PASS。

10．Status code: Successful POST request（要求Status code符合某种条件）

具体示例如下。

```
pm.variables.get("variable_key");
```

假设要求响应code是200、201、202中的一个,如图5-43所示。

响应code为200,符合条件,测试结果为PASS。

图5-43 检查code

11. Use Tiny Validator for JSON data(使用轻量级验证器)

具体示例如下。

```
var schema = {
  "items": {
    "type": "boolean"
  }
};

var data1 = [true, false];
var data2 = [true, 123];

pm.test('Schema is valid', function() {
  pm.expect(tv4.validate(data1, schema)).to.be.true;
  pm.expect(tv4.validate(data2, schema)).to.be.true;
});
```

该代码片段用来检查数据类型,如豆瓣搜书API,响应结果中count、start、total的值都是number数据类型,books的值是列表对象object,如图5-44所示。

下面通过Tiny Validator来设置Tests,如图5-45所示。

可以看到,测试结果为PASS。

也可以换一种方式来构造该检查点,如图5-46所示。

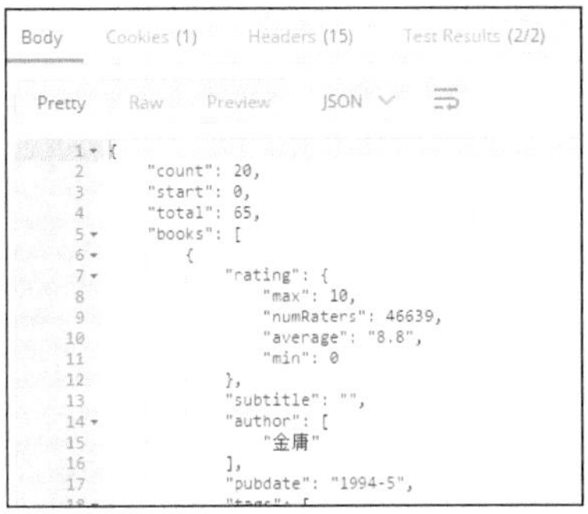

Chapter 5

Postman脚本的应用

图5-44　检查数据类型

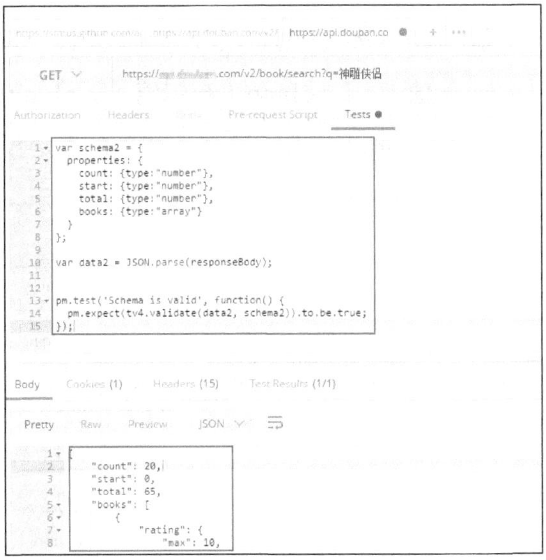

图5-45　测试结果

图5-46　检查点

> **注意** JavaScript共提供了7种数据类型，即string（字符串）、number（数值）、boolean（布尔值）、object（对象）、undefined、null、symbol（ES6引入的一种新的原始数据类型，表示独一无二的值）。JavaScript的数据类型如图5-47所示。
>
>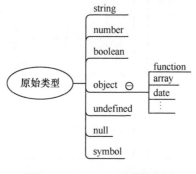
>
> 图5-47　JavaScript的数据类型

5.3.3　脚本进阶

本节将学习脚本的一些高级用法。

1．responseBody

responseBody，即响应体，类型为String，可以利用JSON.parse(responseBody)将其转换为对象。为了查看其区别，将其输出到"Postman Console"窗口查看，如图5-48所示。JavaScript代码如下。

```
var data1 = responseBody;  //请求体
var data2 = JSON.parse(responseBody);  //将请求体这个JSON字符串转成对象

console.log(typeof data1); //输出请求体数据类型，是string
console.log(data1);   //输出请求体内容

console.log(typeof data2); //输出转换后的数据类型，是object
```

```
console.log(data2);  //输出转换后的对象
```

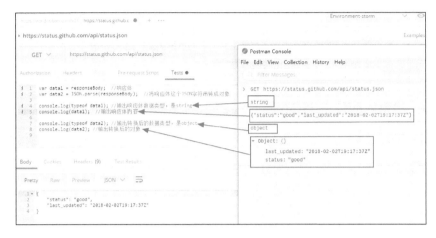

图5-48   responseBody

2. pm.response

pm.response用于返回响应信息,测试结果如图5-49所示。

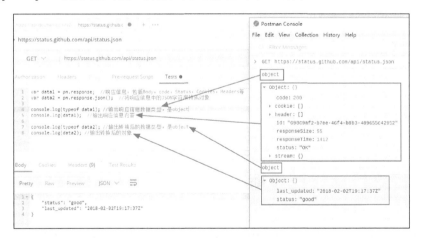

图5-49   测试结果

JavaScript代码如下。

```
var data1 = pm.response;         //响应信息,包括Body、Code、Status、Cookies、Headers等
var data2 = pm.response.json();  //将响应信息中的JSON字符串转成对象
```

```
console.log(typeof data1); //输出响应信息数据类型,是object
console.log(data1);       //输出响应信息内容

console.log(typeof data2); //输出转换后的数据类型,是object
console.log(data2); //输出转换后的对象
```

3. 检查响应体的JSON值

在豆瓣搜索图书API中,当搜索关键字"笑傲江湖"时,假如要检查响应体中第一本book中的numRaters的值为51459,则脚本如图5-50所示。

图5-50　检查JSON值

4. Setting a nested object as an environment variable

Setting a nested object as an environment variable即将嵌套对象设置为环境变量,示例脚本如下。

```
var array = [1, 2, 3, 4];
pm.environment.set("array", JSON.stringify(array, null, 2));
```

```
var obj = { a: [1, 2, 3, 4], b: { c: 'val' } };
pm.environment.set("obj", JSON.stringify(obj));
```

发送接口请求后，查看当前环境中的变量，可以看到成功添加了一个嵌套对象为变量的值，如图5-51所示。

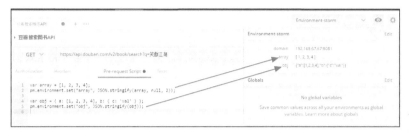

图5-51　嵌套对象

5．Getting an environment variable (whose value is a stringified object)

Getting an environment variable (whose value is a stringified object)即获取一个环境变量（其值是一个stringfied对象），示例脚本如下。

```
// 如果数据来自一个未知的源，那么这些语句应该封装在try-catch块中。
var array = JSON.parse(pm.environment.get("array"));
```

发送请求后，查看"Postman Console"窗口的输入结果，如图5-52所示。

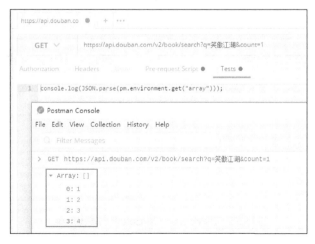

图5-52　获取stringfied对象

5.3.4　pm对象

pm对象只能在Postman本地应用版本中使用，不能在Chrome浏览器的Postman插件中使用。

1．pm对象

pm对象包含与正在执行的脚本有关的所有信息，并允许访问正在发送的请求的副本或接收到的响应，它还允许获取和设置环境变量和全局变量。

2．pm.info对象

pm.info对象包含与正在执行的脚本有关的信息，如请求名称、请求ID和迭代计数等有用信息存储在该对象中。

① pm.info.eventName，返回结果为字符串。它用来输出是在"Pre-request Script"选项卡还是在"Tests"选项卡中执行的脚本，让用户构建脚本，如图5-53和图5-54所示。

图5-53　输出脚本位置（一）　　　　图5-54　输出脚本位置（二）

在"Postman Console"窗口输出结果，如图5-55所示。

图5-55　在Postman Console窗口输出结果

② pm.info.iteration，返回结果为数值类型。它用来显示当前运行迭代的次数（从

0开始)。假设有这样一个集合"Douban-1.postman_collection.json",如图5-56所示。

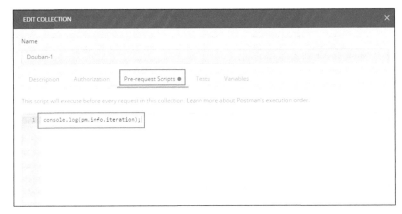

图5-56　Douban-1.postman_collection.json

使用集合运行器运行,设置迭代次数为3,运行后在"Postman Console"窗口中输入结果,如图5-57所示。

图5-57　在Postman Console窗口中输出

③ pm.info.iterationCount,返回结果为数值类型。它用于返回计划运行的迭代总数。修改上面集合的预请求脚本,如图5-58所示。

图5-58　迭代总数

集合运行器仍然设置为3次迭代，运行集合后，查看"Postman Console"窗口的输出，如图5-59所示。

图5-59　在Postman Console窗口的输出

④ pm.info.requestName，返回结果为字符串类型。它用于返回请求名。

⑤ pm.info.requestId，返回结果为字符串类型。它用于返回请求ID。演示示例如图5-60所示。

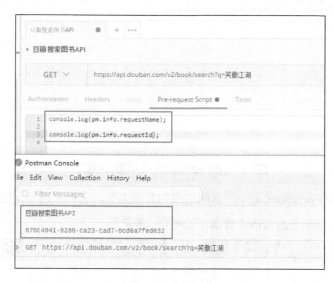

图5-60　输出结果

3．pm.sendRequest对象

pm.sendRequest对象允许异步发送HTTP/HTTPS请求。简单地说，如果用户有一个繁重的计算任务或需要发送多个请求，那么现在可以在后台执行该逻辑。用户

可以指定一个回调函数，并在底层操作完成时得到通知，而不是等待调用来完成（因为这会阻塞任何下一个请求）。

> **注意** ① 该方法接受一个兼容SDK的请求和一个回调。回调接收两个参数，其中一个错误（如果有的话），另一个是SDK兼容的响应。
> ② 该方法可以在预请求或测试脚本中使用。
>
> ```
> // 以普通字符串URL为例
> pm.sendRequest('https://postman-echo.com/get', function (err, res) {
>     if (err) {
>         console.log(err);
>     } else {
>         pm.environment.set("variable_key", "new_value");
>     }
> });
> // 使用完整的SDK请求为例
> const echoPostRequest = {
>   url: 'https://postman-echo.com/post',
>   method: 'POST',
>   header: 'headername1:value1',
>   body: {
>     mode: 'raw',
>     raw: JSON.stringify({ key: 'this is json' })
>   }
> };
> pm.sendRequest(echoPostRequest, function (err, res) {
>   console.log(err ? err : res.json());
> });
> // pm.test只能在Tests选项卡下使用
> pm.sendRequest('https://postman-echo.com/get', function (err, res) {
>   if (err) { console.log(err); }
>   pm.test('response should be okay to process', function () {
>     pm.expect(err).to.equal(null);
>     pm.expect(res).to.have.property('code', 200);
>     pm.expect(res).to.have.property('status', 'OK');
>   });
> });
> ```

4. pm.globals对象

pm.globals对象包含以下方法可供调用。

```
pm.globals.has(variableName:String):function → boolean
pm.globals.get(variableName:String):function → *
pm.globals.set(variableName:String, variableValue:String):function
pm.globals.unset(variableName:String):function
pm.globals.clear():function
pm.globals.toObject():function → object
```

5. pm.environment对象

pm.environment对象包含以下方法可供调用。

```
pm.environment.has(variableName:String):function → boolean
pm.environment.get(variableName:String):function → *
pm.environment.set(variableName:String, variableValue:String):function
pm.environment.unset(variableName:String):function
pm.environment.clear():function
pm.environment.toObject():function → object
```

6. pm.variables对象

在Postman中，所有的变量都符合特定的层次结构。在当前迭代中定义的所有变量优先于当前环境中定义的变量，这些变量覆盖全局范围内定义的变量，即迭代数据<环境变量<全局变量。

```
pm.variables.get(variableName:String):function → *
```

7. pm.request对象

pm.request对象用来获取请求对象。在"Pre-requestScript"选项卡中，pm.request指将要发送的请求；在"Tests"选项卡中，pm.request指上一个发送的请求。

在"Pre-requestScript"和"Tests"选项卡中分别添加脚本"console.log(pm.request);"，如图5-61所示。

Chapter 5
Postman脚本的应用

图5-61　预请求脚本

发送请求，查看"Postman Console"窗口的输出信息，如图5-62所示。

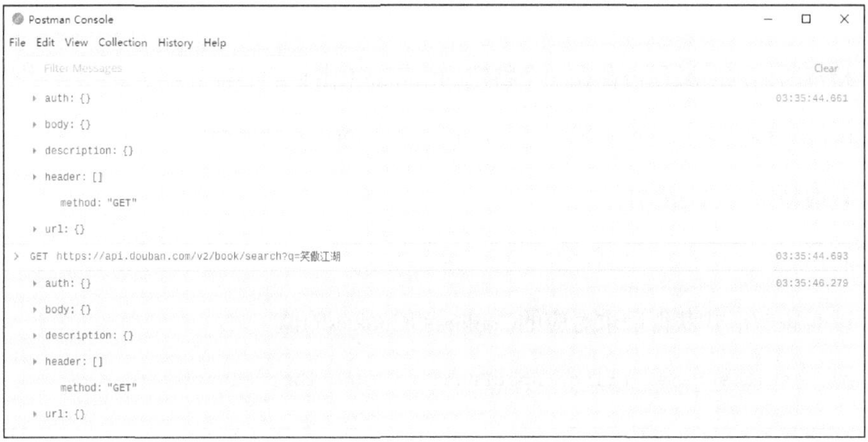

图5-62　输出信息

以下项目仅在测试脚本中可用。

8．pm.response对象

在测试脚本中，pm.response对象包含响应有关的所有信息。响应细节以如下格式存储。

```
pm.response.code:Number
pm.response.reason():Function → String
pm.response.headers:HeaderList
pm.response.responseTime:number
pm.response.text():Function → string
pm.response.json():Function → object
```

9. pm.iterationData对象

iterationData对象包含数据集运行期间提供的数据文件。

```
pm.iterationData.get(variableName:String):Function → *
pm.iterationData.toObject():function → object
```

10. pm.cookies对象

pm.cookies对象包含一个与请求所创建的域相关联的Cookies列表。

```
pm.cookies.has(cookieName:String):Function → boolean
```

检查所请求的域是否存在一个特定的Cookie（由它的名称处理）。

```
pm.cookies.get(cookieName:String):Function → string
```

获取特定Cookie的值。

```
pm.cookies.toObject:Function → object
```

以对象的形式获得请求对应的Cookies和Cookies的值

```
pm.test(testName:String, specFunction:Function):Function
```

此函数用于在沙箱中编写测试规范。在这个函数中编写测试可以准确地命名测试，并确保在这个函数内出现任何错误的情况下，脚本的其余部分不会被阻塞。

在下面的示例测试中，检查所有关于响应的内容是否有效。

```
pm.test("response should be okay to process", function () {
    pm.response.to.not.be.error;
    pm.response.to.have.jsonBody('');
    pm.response.to.not.have.jsonBody('error');
});
pm.expect(assertion:*):Function → Assertion
```

pm.expect是一个通用的断言函数。这是ChaiJS expect BDD库，使用这个库，可以编写可读性很高的测试。pm.expect用于处理来自响应或变量的数据断言。

```
pm.test('environment to be production', function () {
```

```
        pm.expect(pm.environment.get('env')).to.equal('production');
});
```

11. 测试脚本中的响应断言API

Postman提供的测试脚本响应断言包含以下API。

```
pm.response.to.have.status(code:Number)
pm.response.to.have.status(reason:String)
pm.response.to.have.header(key:String)
pm.response.to.have.header(key:String, optionalValue:String)
pm.response.to.have.body()
pm.response.to.have.body(optionalValue:String)
pm.response.to.have.body(optionalValue:RegExp)
pm.response.to.have.jsonBody()
pm.response.to.have.jsonBody(optionalExpectEqual:Object)
pm.response.to.have.jsonBody(optionalExpectPath:String)
pm.response.to.have.jsonBody(optionalExpectPath:String, optionalValue:*)
```

12. pm.response.to.be.*

通过pm.response.to.be对象属性，可以断言预定义的规则。

① pm.response.to.be.info，检查响应码是否为1××，如果是则断言为真，否则为假。

② pm.response.to.be.success，检查响应码是否为2××，如果是则断言为真，否则为假。

③ pm.response.to.be.redirection，检查响应码是否为3××，如果是则断言为真，否则为假。

④ pm.response.to.be.clientError，检查响应码是否为4××，如果是则断言为真，否则为假。

⑤ pm.response.to.be.serverError，检查响应码是否为5××，如果是则断言为真，否则为假。

⑥ pm.response.to.be.error，检查响应码是否为4××或者5××，如果是则断言为真，否则为假。

⑦ pm.response.to.be.ok，检查响应码是否为200，如果是则断言为真，否则为假。

⑧ pm.response.to.be.accepted，检查响应码是否为202，如果是则断言为真，否则为假。

⑨ pm.response.to.be.badRequest，检查响应码是否为400，如果是则断言为真，否则为假。

⑩ pm.response.to.be.unauthorized，检查响应码是否为401，如果是则断言为真，否则为假。

⑪ pm.response.to.be.forbidden，检查响应码是否为403，如果是则断言为真，否则为假。

⑫ pm.response.to.be.notFound，检查响应码是否为404，如果是则断言为真，否则为假。

⑬ pm.response.to.be.rateLimited，检查响应码是否为429，如果是则断言为真，否则为假。

5.4 分支和循环

一般来说，集合包含多个请求，当运行一个集合的时候，Postman默认按照一定的顺序来执行所包含的接口请求。大多数情况下，这是很轻松的一件事情。不过某些时候，用户可能需要改变API接口请求的发送顺序，这个时候就需要借助postman.setNextRequest("request_name");，如图5-63所示。

设置下一步要执行的请求的命令如下。

```
Postman.setNextRequest("request_name");
```

停止工作流程的执行的命令如下。

```
Postman.setNextRequest(null);
```

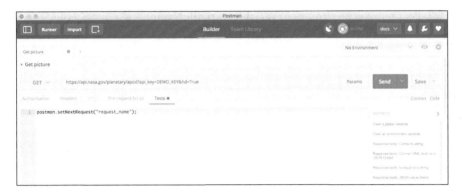

图5-63 分支和循环

关于Postman.setNextRequest()的一些要点如下。

① 指定后续请求的名称或ID，而集合运行器将负责其余部分。

② 可以在预请求或测试脚本中使用。一旦设置了多个值，则最后一个生效。

③ 如果在请求中没有postman.setNextRequest()，则集合runner默认为线性执行，并移动到下一个请求。

5.5 Postman Sandbox

Postman Sandbox是一个JavaScript执行环境，用户可以在编写预请求脚本和测试脚本时使用它（在Postman和Newman中）。在预请求/测试脚本部分编写的任何代码都将在这个沙箱中执行。

1．环境和全局变量

① Postman.setEnvironmentVariable(variableName,variableValue)，设置一个环境变量variableName，并将字符串variableValue赋值给它。用户必须为该方法选择一个工作环境。注意，只有字符串可以存储，存储其他类型的数据将导致意外的行为。

② Postman.getEnvironmentVariable(variableName)，返回一个环境变量的值variableName，并用于pre-request &测试脚本。用户必须为该方法选择一个工作环境。

③ Postman.setGlobalVariable(variableName,variableValue)，设置一个全局变量variableName，并将字符串variableValue赋给它。注意，只有字符串可以存储，存储其他类型的数据将导致意外的行为。

④ Postman.getGlobalVariable(variableName)，返回一个全局变量的值variableName，并用于pre-request &测试脚本。

⑤ Postman.clearEnvironmentVariable(variableName)，清除环境变量，并命名为variableName，必须为该方法选择一个工作环境。

⑥ Postman.clearGlobalVariable(variableName)，清除全局变量，并命名为variableName。

⑦ Postman.clearEnvironmentVariables()，清除所有环境变量，并必须为该方法选择一个工作环境。

⑧ Postman.clearGlobalVariables()，清除所有全局变量。

⑨ Environment，当前环境中的变量字典。使用[" foo "]来访问"foo"环境变量的值。注意，这只能用于读取变量，使用setEnvironmentVariable()来设置值。

⑩ globals，使用globals[" bar "]来访问"bar"全局变量的值。注意，这只能用于读取变量，使用setGlobalVariable()来设置值。

2．动态变量

Postman还提供了一些动态变量，用户可以在请求中使用它们。注意，动态变量不能在Sandbox中使用。用户只能以{{…}}这样的格式在请求的URL、Headers、Body中使用。

① {{$ guid}}，添加v4样式的guid。

② {{$ timestamp}}，添加当前时间戳。

③ {{$ randomInt}}，添加一个0～1 000的随机整数。

3．Cookies

① responseCookies，获取域对应的所有Cookies，结果是一个Array，需要启用拦

截器才能工作。

② Postman.getResponseCookie(cookieName)，获取指定名称的Cookie，需要启用拦截器才能工作。

4．请求和响应相关的属性

① request{object}，用户可以调用Postman的请求对象，但这个对象是只读的，更改对象的属性无效。注意，变量不会在请求对象中解析。请求对象由以下内容组成。

a．data对象，请求的表单数据的字典，使用方法如下。

```
request.data["key"]= ="value"
```

b．Headers对象，请求头的字典，使用方法如下。

```
request . header[" key "]= " value "
```

c．method字符串，值是GET、POST、PUT等。

d．url字符串，请求的URL。

② responseHeader对象，只能应用于Tests中。

③ responseBody 对象，只能应用于Tests中。它是一个包含原始响应主体文本的字符串，可以将此作为JSON.parse或xml2Json的输入。

④ responseTime 数值类型，只能应用于Tests中，响应时间以毫秒为单位。

⑤ responseCode 对象类型，只能应用于Tests中，包含如下3个属性。

a．code数值类型，指响应代码（如200、404等）。

b．name字符串类型，指状态代码文本。

c．detail字符串类型，指对响应代码的解释。

⑥ test 对象，只能用于Tests中，用户可以向其添加对象，Postman将把该对象的每个属性作为boolen值测试。

⑦ iteration数值类型，仅在集合运行器和Newman中可用，表示当前测试运行索引，从0开始。

5.6 Newman

Newman是Postman的命令行集合运行器。它允许用户直接从命令行运行和测试Postman集合。它是基于可扩展性而构建的，因此用户可以轻松地将其与持续集成服务器和构建系统集成。

Newman与Postman保持了功能对等，用户可以使用Newman执行所有针对集合的操作。

用户可以从npm注册中心和GitHub上搜索并获得Newman，图5-64是一张Newman运行集合的结果截图。

图5-64　Newman结图

5.6.1 安装Newman

Newman是建立在Node.js上的。要运行Newman，需要事先安装Node.js。根据操作系统（Linux、Windows、Mac OS）下载和安装对应的Node.js。

1. 在Windows下安装Newman

（1）下载安装Node.js

打开浏览器，输入Node.js官网地址，单击"DOWNLOADS"链接，打开图5-65所示界面。

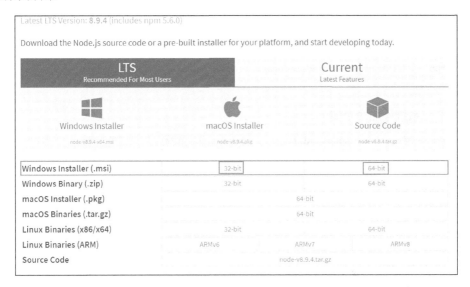

图5-65　Node.js官网

这里下载一个64-bit的.msi安装文件，下载完成后，双击下载文件，根据提示，完成软件安装。

（2）安装Newman

借助npm工具，可以通过下面的命令安装Newman。注意，需要使用"-g"参数来全局安装Newman，这将允许用户从任何地方运行它。

```
$ npm install -g newman
```

（3）运行Newman

通过Newman来运行集合是非常简单的一件事情，直接运行导出的集合文件，格式为JSON。

```
$ newman run mycollection.json
```

2. CentOS（Linux）下安装Newman

（1）安装Node.js和npm

在CentOS上一般通过yum（CentOS的包管理工具）来安装Node.js和npm，在此之前需要先给yum添加epel和remi源。

① 添加epel源。

64位系统添加命令如下。

```
rpm -ivh http://download.fedoraproject.org/pub/epel/6/x86_64/epel-release-6-8.noarch.rpm
```

32位系统添加命令如下。

```
rpm -ivh http://download.fedoraproject.org/pub/epel/6/i386/epel-release-6-8.noarch.rpm
```

导入键的命令如下。

```
rpm --import /etc/pki/rpm-gpg/RPM-GPG-KEY-EPEL-6
```

② 添加remi源。

具体命令如下。

```
rpm -ivh http://rpms.famillecollet.com/enterprise/remi-release-6.rpm
rpm --import /etc/pki/rpm-gpg/RPM-GPG-KEY-remi
```

（2）安装完成后，执行

具体命令如下。

```
curl --silent --location https://rpm.nodesource.com/setup_5.x | bash -
yum -y install nodejs
```

（3）全局安装Newman，在Ubuntu中安装Newman

具体命令如下。

```
$ npm install -g newman
```

5.6.2 Newman选项

Newman提供了一组丰富的选项来定制集合运行。用户可以通过使用"-h"参数来查看选项列表，如图5-66所示（图中只截取部分参数选项）。

图5-66　Newman选项

下面演示几个常用参数的用法。

① 使用"-n"参数来设置集合迭代的次数。

```
$ newman run mycollection.JSON -n 10    # 运行集合10次
```

② 使用"-d"参数来设置集合使用的数据文件。为了提供不同的数据集，即每个迭代的变量，可以使用"-d"来指定JSON或CSV文件。例如，下面是一个JSON格式的数据文件。

```
[{
    "url": "http://127.0.0.1: 5000",
    "user_id": "1",
    "id": "1",
    "token_id": "123123",
},
{
    "url": "http://127.0.0.1: 6000",
    "user_id": "2",
    "id": "2",
```

```
    "token_id": "899899",
}]
```

使用"-d"参数指定数据文件将运行2次迭代，每次迭代使用一组变量。

```
$ newman run mycollection.JSON -d data.JSON
```

对于上面设置的参数如果写成CSV文件，效果如下。

```
url, user_id, id, token_id
http://127.0.0.1: 5000, 1, 1, 123123123
http://Postman-echo.com, 2, 2, 899899
```

如果使用"--bail"参数，当Newman运行良好时，其状态码为0；当Newman运行失败，其状态码为1。

```
$ newman run PostmanCollection.JSON -e environment.JSON --bail newman
```

5.6.3 集合运行排错

图5-67是命令行借助Newman运行集合报错的示例，那该如何进行排错呢？

```
→ Status Code Test
  GET https://echo.getpostman.com/status/404 [404 Not Found, 534B, 1551ms]
  1\. response code is 200
```

	executed	failed
iterations	1	0
requests	1	0
test-scripts	1	0
prerequest-scripts	0	0
assertions	1	1

```
total run duration: 1917ms
total data received: 14B (approx)
average response time: 1411ms

#  failure      detail

1\. AssertionFai… response code is 200
                  at assertion:1 in test-script
                  inside "Status Code Test" of "Example Collection with
                  Failing Tests"
```

图5-67 运行结果

将测试和请求的结果都导出到一个文件中，然后再导入Postman进行进一步分析。使用JSON reporter和文件名将运行结果输出保存到一个文件中。

```
$ newman run mycollection.JSON --reporters cli,JSON --reporter-JSON-export outputfile.JSON
```

> **注意** ▶ Newman允许使用Postman支持的所有库和对象运行测试和预请求脚本。

5.6.4 定制报告

如果想根据特定请求生成报告，定制报告就会派上用场，例如，在请求（或测试）失败时、输出响应主体日志时。

1. 构建定制报告

定制报告是一个节点模块，其名称为newman-reporter-< name >。创建一个定制报告的步骤如下。

① 导航到选择的目录，并使用npm init创建一个空白的npm包。

② 添加一个index.js文件，导出如下形式的函数。

```
function (emitter, reporterOptions, collectionRunOptions) {
    // emitter is is an event emitter that triggers the following events: https://github.com/Postmanlabs/newman#newmanrunevents
    // reporterOptions is an object of the reporter specific options. See usage examples below for more details.
    // collectionRunOptions is an object of all the collection run options: https://github.com/Postmanlabs/newman#newmanrunoptions-object--callback-function--run-eventemitter
};
```

③ 使用npm发布报告，或者在本地使用报告。

另外，也支持如@ myorg/newman-reporter-<name>所示的报告名称。

2. 使用自定义的报告

为了使用自定义报告，必须先安装对应的报告包。例如，使用Newman teamcity reporter的方法如下。

① 安装reporter 包。

```
npm install newman-reporter-teamcity
```

请注意，包的名称为newman -reporter-<name>，其中< name >是reporter的实际名称。如果Postman是全局安装的，则这个包也应该全局安装。运行npm install<包名>，使用"- g"标志进行全局安装。

② 要使用本地（非公开）的报告，请运行命令npm install <path/to/local-report-directory>。

③ 通过CLI或programmatically使用已安装的报告。在这里，在选项中指定报告名称时不需要newman-reporter前缀。

④ 作用域的报告包必须使用范围前缀来指定。例如，如果包名是@myorg/newman- reporter- name，必须使用@myorg/ name指定报告。

3. CLI

具体命令如下。

```
newman run /path/to/collection.JSON -r myreporter --reporter-myreporter-<option-name> <option-value> # The option is optional
    Programmatically:
    var newman = require('newman');

    newman.run({
        collection:  '/path/to/collection.JSON',
        reporters: 'myreporter',
        reporter: {
```

```
        myreporter: {
         'option-name': 'option-value' // this is optional
        }
    }
}, function (err, summary) {
    if (err) { throw err; }
    console.info('collection run complete!');
});
```

Chapter 6
Jenkins、Git与钉钉

本章将带领读者认识3个系统——Jenkins、Git、钉钉,可以说它们都是当前各自领域最流行的解决方案之一。其中Jenkins能够自动化构建测试,Git能管理相关测试文件,钉钉则是一个优秀的消息接收工具。

6.1 Jenkins

Jenkins是一个开源软件项目，是基于Java开发的一种持续集成工具，用于监控持续重复的工作，旨在提供一个开放易用的软件平台，使软件的持续集成变成可能。

Jenkins的特点如下。

（1）持续集成和持续交付。

作为一个可扩展的自动化服务器，Jenkins可以作为一个简单的持续集成（Continuous Integration，CI）服务器，或者成为任何项目的持续交付中心。

（2）安装方便。

Jenkins是一个基于Java的独立程序，包含Windows、Mac OS和其他类UNIX系统的程序包。

（3）简单的配置。

Jenkins可以通过其Web界面轻松地设置和配置，其中包括动态错误检查和内置帮助。

（4）丰富的插件。

在Jenkins插件中心有数百个插件，Jenkins在持续集成和持续交付工具链中集成了几乎所有的工具。

（5）可扩展。

Jenkins可以通过插件架构进行扩展，这为Jenkins提供了几乎无限的可能性。

（6）分布式。

Jenkins可以轻松地在多台机器上分发工作，帮助用户在多个平台上更快地驱动构建、测试和部署。

6.1.1 部署Jenkins

既然需要借助Jenkins来实现持续集成、交付和监控等工作，那么必然需要将其部署在一台7×24小时开机的服务器上，一般来说，这是一台Linux服务器。

关于Jenkins的部署方式有很多种，本书讲解通过Tomcat来部署Jenkins。

1. 部署Tomcat环境

① 打开Tomcat官网，如图6-1所示。

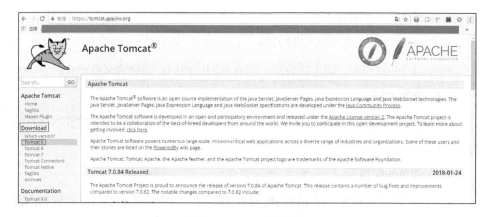

图6-1　Tomcat官网首页

左侧"Download"处显示Tomcat版本，根据需要，选择版本，进入到该版本下载页。这里选择"Tomcat 9"，进入下载页，如图6-2所示。

- 1是二进制发行版，2是源码版。
- 1-1是Linux版本。
- 1-2是Windows版本，包括32位和64位版本。
- 1-3是Windows安装版本。

这里在tar.gz的链接上面右击，选择"复制链接地址"，如图6-3所示。

② 登录Linux服务器，使用wget命令下载该gz包。具体命令格式为"wget"+"图6-3复制的链接地址"。

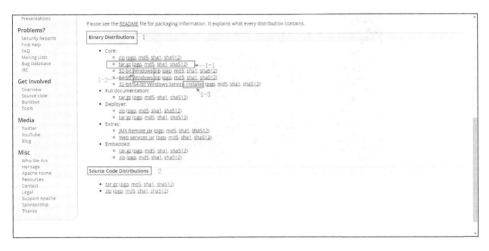

图6-2 Tomcat下载页

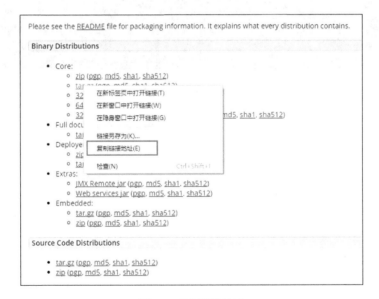

图6-3 复制链接地址

③ 使用gunzip命令解压gz包。具体格式为"gunzip"+"压缩包名称"。

④ 使用tar命令解压tar包。具体格式为"tar-xvf"+"压缩包名称"。

至此,已经得到一个名为apache-tomcat-9.0.2的文件夹,该文件夹下的目录结构如图6-4所示。

```
[root@Beta-nginx apache-tomcat-9.0.2]# pwd
/test-dir/apache-tomcat-9.0.2
[root@Beta-nginx apache-tomcat-9.0.2]# ll
总用量 112
drwxr-x--- 2 root root  4096 12月 28 09:39 bin
drwx------ 3 root root  4096 12月 28 09:39 conf
drwxr-x--- 2 root root  4096 12月 28 09:39 lib
-rw-r--r-- 1 root root 57092 11月 26 05:10 LICENSE
drwxr-x--- 2 root root  4096 12月 28 09:39 logs
-rw-r--r-- 1 root root  1804 11月 26 05:10 NOTICE
-rw-r--r-- 1 root root  6779 11月 26 05:10 RELEASE-NOTES
-rw-r--r-- 1 root root 16246 11月 26 05:10 RUNNING.txt
drwxr-x--- 2 root root  4096 12月 28 09:39 temp
drwxr-x--- 7 root root  4096 11月 26 05:08 webapps
drwxr-x--- 3 root root  4096 12月 28 09:39 work
[root@Beta-nginx apache-tomcat-9.0.2]#
```

图6-4　Tomcat目录结构

⑤ 启动Tomcat。在Tomcat的bin目录下，通过./startup.sh命令启动Tomcat，如图6-5所示。

```
[root@Beta-nginx bin]# ./startup.sh
Using CATALINA_BASE:   /test-dir/apache-tomcat-9.0.2
Using CATALINA_HOME:   /test-dir/apache-tomcat-9.0.2
Using CATALINA_TMPDIR: /test-dir/apache-tomcat-9.0.2/temp
Using JRE_HOME:        /usr/local/jdk1.8
Using CLASSPATH:       /test-dir/apache-tomcat-9.0.2/bin/bootstrap.jar:/test-dir/apache-tomcat-9.0.2/bin/tomcat-juli.jar
Tomcat started.
[root@Beta-nginx bin]#
```

图6-5　启动Tomcat

⑥ 检查Tomcat服务是否启动成功。访问Tomcat，查看其是否启动成功，在浏览器输入Linux服务器IP地址，加上8080端口，按下"Enter"键，看到类似图6-6的界面，证明Tomcat启动成功。

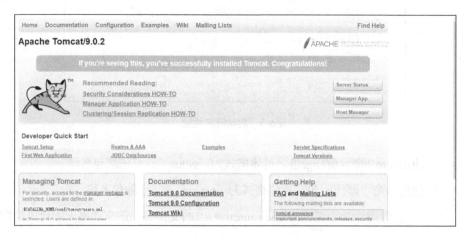

图6-6　Tomcat服务

2. 在Tomcat中部署Jenkins

① 首先进入Jenkins官网，单击"Documentation"下拉菜单中的"Use Jenkins"，在打开界面中单击"Getting started"，然后在"Download Jenkins"上单击鼠标右键，选择"复制链接地址"。最后进入Tomcat的webapp目录，使用"wget+链接地址（上一步中以Jenkins复制的具体地址）"命令格式下载Jenkins的war包。

② 重启Tomcat服务。Tomcat会自动解压部署Jenkins，Tomcat启动完成后，可以看到目录中多了一个jenkins的文件夹，如图6-7所示。

图6-7　jenkins文件夹

③ 访问并配置Jenkins。在浏览器输入地址：192.168.xx.xx:8080/Jenkins，按"Enter"键，可以看到图6-8所示的页面。

图6-8　Jenkins部署页

> 注意 ▶ 将IP地址替换成你服务器的地址。

拷贝/root/.jenkins/secrets/initialAdminPassword的文件内容，将其粘贴到图6-8中的

"Administrator password"框中,单击"Continue"按钮,跳转到自定义Jenkins插件页,如图6-9所示。

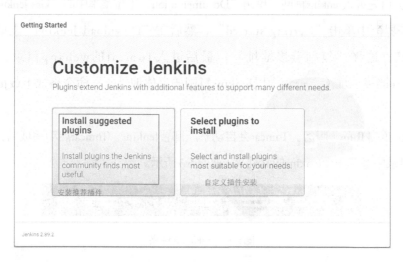

图6-9　安装Jenkins插件

选择安装推荐的插件,需要花费一些时间,等待其自动完成即可。接下来,输入账号信息,创建一个Admin用户(请务必记住账号、密码),如图6-10所示。

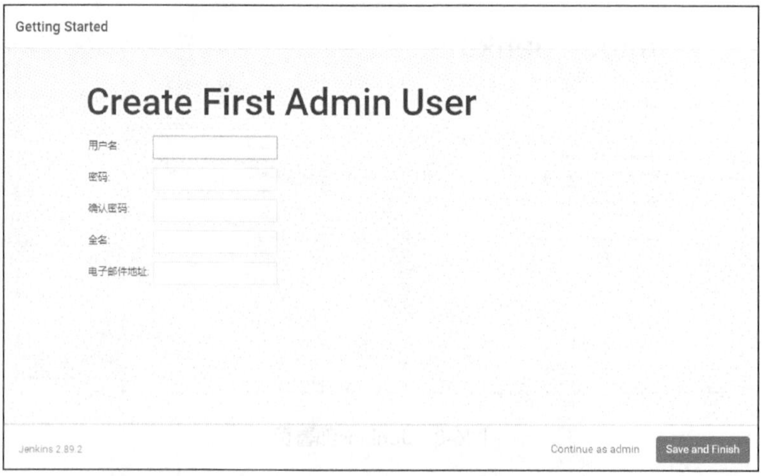

图6-10　创建Admin账号

单击"Save and Finish"按钮,打开Jenkins主页面,如图6-11所示。

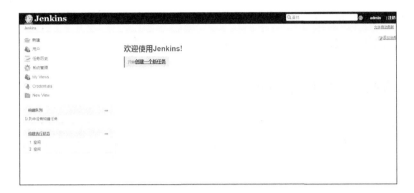

图6-11　Jenkins主页面

> **提示** ▶ 假如修改了Tomcat的HTTP访问端口,需要用如下命令开启防火墙允许端口访问。
>
> ```
> iptables -I INPUT -p tcp --dport 8899 -j ACCEPT
> ```

Linux服务器部署Jenkins的内容已经讲完,假如用户没有权限登录公司的Linux服务器,又或者只是想在自己的计算机上部署学习,那么请看后续内容,否则请跳转到第6.1.2节内容继续学习。

3. 在Windows系统上部署Jenkins

① 进入Jenkins官网,下载Windows系统的Jenkins安装包,如图6-12所示。

图6-12　下载Windows系统的Jenkins安装包

下载文件为.zip压缩包，解压后得到一个.msi文件，双击安装即可。

② 通过浏览器访问Jenkins，并完成部署，步骤与在Tomcat中部署类似。

4．在Mac OS系统上部署Jenkins

① 进入Jenkins官网，下载Mac OS X系统的Jenkins安装包，如图6-13所示。

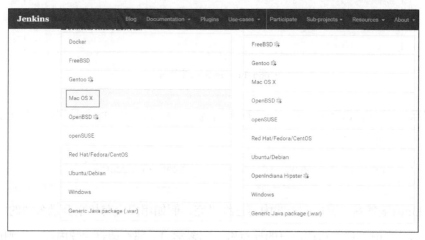

图6-13　下载Mac OS X系统的Jenkins安装包

下载文件为.pkg文件，直接双击，完成安装即可。

② 通过浏览器访问Jenkins，并完成部署，步骤与在Tomcat中部署类似。

6.1.2　管理插件

Jenkins提供了数百个插件来支持构建、部署和自动化任何项目。下面介绍管理Jenkins插件的方法。

登录Jenkins后，可以看到图6-14所示的界面。

选择"系统管理"→"管理插件"选项，进入"插件管理"界面，如图6-15所示。

1．安装插件

打开"可选插件"选项卡，在过滤框中搜索关键字，这里以安装Python插件为例，搜索关键字"Python"，选中插件左侧的复选框，单击"直接安装"按钮，如图6-16所示。

图6-14　Jenkins窗口

图6-15　插件管理

图6-16　安装插件

选中"安装完成后重启Jenkins（空闲时）"复选框，如图6-17所示。

图6-17　重启Jenkins

这样Jenkins会在插件安装完成后，空闲时自动重启，以使新安装的插件生效。因此，用户只需等待Jenkins重启完成即可，如图6-18所示。

图6-18　Jenkins自动重启

2. 更新插件

进入"可更新"选项卡，选中可更新插件，单击"下载待重启后安装"按钮，如图6-19所示。

图6-19　更新插件

选中"安装完成后重启Jenkins（空闲时）"复选框，插件安装完成后，自动重启Jenkins，如图6-20所示。

图6-20　重启Jenkins

3．删除插件

进入"已安装"选项卡，单击要卸载插件右方的"卸载"按钮，即可完成对应插件的卸载操作，如图6-21所示。

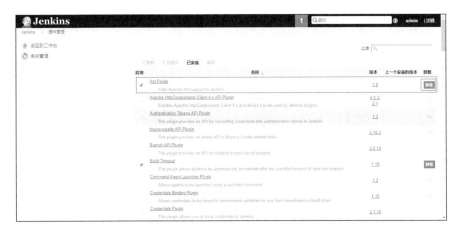

图6-21　卸载插件

6.1.3　创建项目

接下来构建一个自由风格的项目。

① 通过浏览器登录到Jenkins，URL为http://192.168.67.151:8080/，如图6-22所示。

图6-22 登录Jenkins

② 选择"新建"选项，输入任务名称，选择"构建一个自由风格的软件项目"选项，单击"确定"按钮，如图6-23所示。

图6-23 创建任务

③ 选择"构建"选项卡，在"增加构建步骤"下拉列表中选择"Execute shell"（这里执行一条shell语句）选项，如图6-24所示。

④ 在"Command"框中，输入要执行的shell命令（这里通过echo命令输出"Hello World"语句），单击"保存"按钮，如图6-25所示。

⑤ 构建任务。单击右侧构建图标，完成构建，刷新浏览器，查看任务构建的结果，如图6-26所示。

图6-24 选择Execute shell选项

图6-25 shell命令

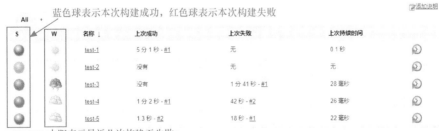

图6-26 构建的结果

⑥ 查看控制台日志。单击项目名称，当鼠标指针悬停在某次构建任务上时，出现下拉三角，选择下拉列表中的"Console Output"选项，如图6-27所示。

图6-27　选择Console Output选项

打开控制台，输出页面如图6-28所示。

图6-28　控制台输出

> **注意** ▶ 如果Jenkins部署在Windows下面，控制台可能会出现中文字符乱码的问题。

6.1.4 配置项目运行频率

每次构建任务都手动单击可不是一件"美妙"的事情,得想个办法让Jenkins独立完成这种重复的工作。接下来学习Jenkins的构建触发器,选择要设置的项目名称,选择"配置项目",打开"构建触发器"选项卡,选中"Build periodically"复选框,在出现的日程表框中,输入图6-29中显示的内容,观察下方出现的信息。

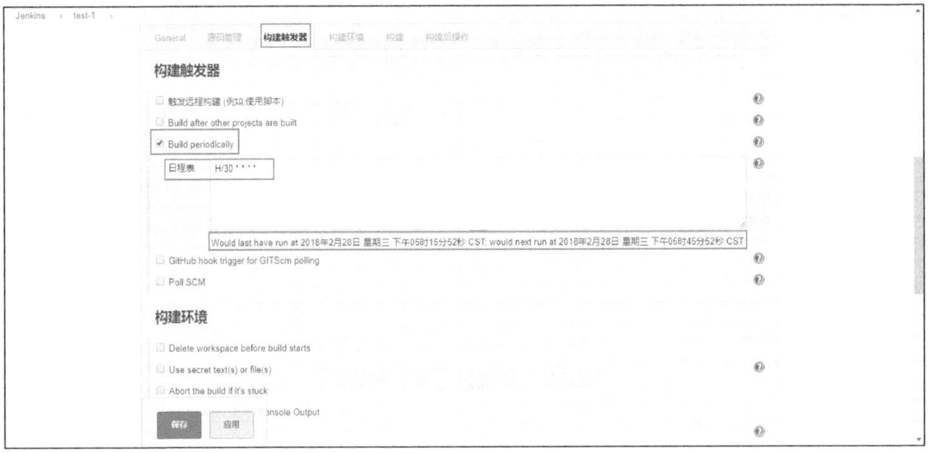

图6-29 配置构建周期

构建频率包含5个参数,其含义依次如下。

分钟:取值范围为0~59(建议用H来标记,以均匀传播负载)。

小时:取值范围为0~23。

天:取值范围为1~31。

月:取值范围为1~12。

星期:取值范围为0~7。

下面给出一些参考示例。

H/30 * * * *:每隔30分钟执行一次

H 3 * * 1-5:周一到周五凌晨3点执行

H 1 1 * *:每月1号1点执行

其中，* 表示全部，比如星期这一位是*号，则表示周一到周日都执行；- 表示区间，/表示间隔，如H 1-17/3 * * * 表示每天的1点到17点，每隔3个小时构建一次。

6.1.5 配置邮件发送

前面讲了Jenkins按照设定自动构建任务，那构建结果是不是也该自动发给用户呢？本节来看看Jenkins如何自动将构建结果通过邮件发送给用户。

① 进入Jenkins→"系统管理"→"系统设置"页面，进行如图6-30和图6-31所示的配置。

图6-30　系统管理员邮件地址

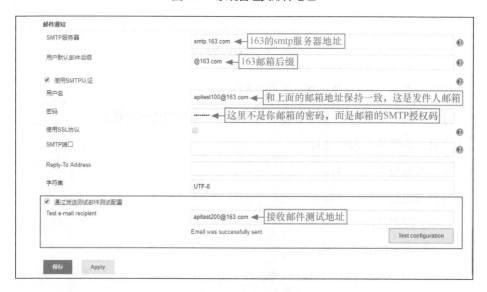

图6-31　邮件通知配置

如何获得邮箱授权码呢？这里以163邮箱为例，简单介绍下过程。

首先登录邮箱，选择"设置"→"POP3/SMTP/IMAP"，选中"POP3/SMTP服务"复选框，则会弹出设置授权码的框，如图6-32所示。

图6-32　设置授权码

通过手机接收短信，设置授权码，如图6-33所示。

图6-33　输入短信验证码

② 给项目添加构建后的操作。单击"构建后操作"选项卡，选择"E-mail Notification"选项，如图6-34所示。

图6-34 选择"E-mail Notification"选项

添加邮件接收者邮箱地址,单击"保存"按钮,如图6-35所示。

图6-35 配置邮件接收方

注意 ▶ 只有构建失败才会发送邮件。

③ 测试邮件接收功能。修改构建步骤,让构建失败,然后看看图6-35中配置的邮箱是否能收到邮件。

成功收到邮件(邮件内容如图6-36所示)。邮件的标题显示test-1任务第3次构建失败了,邮件正文提示"echoabc这条命令没有找到"(Linux中有echo这条命令,为了构建失败，这里将其改成了echoabc）。

图6-36　邮件内容

不过大多数情况下，用户会有更复杂的要求，比如，构建成功了发个邮件提醒一下。

④ 登录Jenkins，选择"系统管理"→"可选插件"，搜索"mail"选择可选插件"Email Extension Template"并安装，如图6-37所示。

图6-37　搜索Email Extension Template插件

⑤ 进入Jenkins→"系统管理"→"系统设置"，修改配置如图6-38所示。

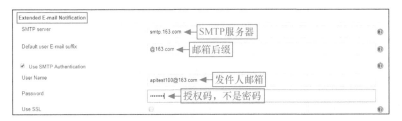

图6-38　Extended E-mail Notification配置

修改"构建后操作"，选择"Editable Email Notification"选项，如图6-39所示。

图6-39　选择"Editable Email Notification"选项

修改邮件触发功能为Always，如图6-40所示。

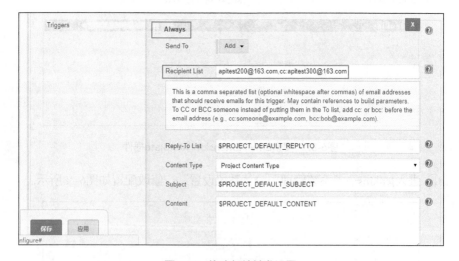

图6-40　修改邮件触发设置

构建一次成功的测试，查看Jenkins控制台输出，如图6-41所示。

查收邮件，如图6-42所示。

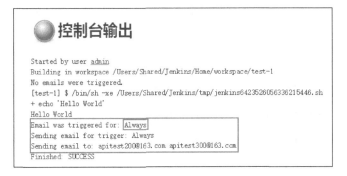

图6-41　控制台输出

图6-42　邮件内容

⑥ 在移动端接收构建提醒。下载邮箱App，就可以在移动端接收邮件构建提醒了。

6.2　Git

Git、GitHub、GitLab都是什么？它们之间有什么关系？本节就来讲解这些内容。

6.2.1　什么是Git

Git是一个分布式版本控制系统（Version Control System，VCS）。版本控制是一种在开发过程中用于管理和备份对文件、目录、工程等内容的修改，以方便查看历史记录和恢复以前版本的软件工程技术。

如果说Git是一种版本控制系统，是一个命令集，是一种工具，那么GitHub就是基于Git实现的在线代码仓库，它包含一个网站界面，向互联网开放，用于创建公共的仓库，如果用户想创建私有仓库，则需要付费；GitLab也是一个基于Git实现的在线代码仓库软件，支持用户免费创建公共和私有的仓库，还支持用户搭建类似于GitHub的本地版本控制系统，一般用于在企业、学校等内部网络搭建Git私服。

常用术语如下。

① 仓库（repository）。受版本控制的所有文件修订历史的共享数据库。

② 工作空间（workspace）。本地硬盘或UNIX用户账户上编辑的文件副本。

③ 工作树/区（working tree）。工作区中包含了仓库的工作文件。

④ 暂存区（staging area）。暂存区是提交更改（commit）前工作区用来暂存工作区的变化。

⑤ 索引（index）。索引是暂存区的另一种术语。

⑥ 签入（checkin）。它是指将新版本复制回仓库。

⑦ 签出（checkout）。它是指从仓库中将文件的最新修订版本复制到工作空间。

⑧ 提交（commit）。对各自文件的工作副本做了更改，并将这些更改提交到仓库。

⑨ 冲突（conflict）。多人对同一文件的工作副本进行更改，并将这些更改提交到仓库。

⑩ 合并（merge）。将某分支上的更改连接到此主干或同为主干的另一个分支。

⑪ 分支（branch）。从主线上分离开的副本，默认分支叫master。

⑫ 锁（lock）。获得修改文件的专有权限。

⑬ 头（headers）。头是一个象征性的参考，常用以指向当前选择的分支。

⑭ 修订（revision）。它表示代码的一个版本状态。Git通过用SHA1 hash算法表示的ID来标示不同的版本。

⑮ 标记（tags）。标记指的是某个分支某个特定时间点的状态。通过标记，可以很方便地切换到标记时的状态。

6.2.2 安装Git

1. 在Linux系统上安装Git

以CentOS系统为例，推荐使用yum包管理工具来安装Git，命令如下。

```
sudo yum install git
```

安装完成后，输入“git”，按“Enter”键，如果得到图6-43所示的内容，说明安装成功。

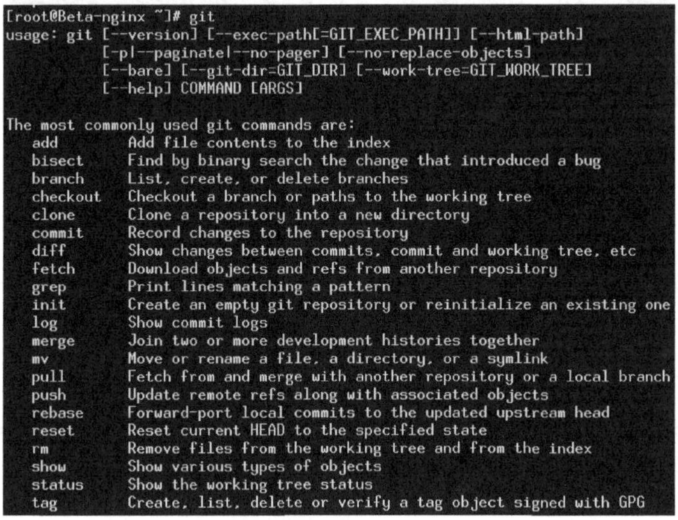

```
[root@Beta-nginx ~]# git
usage: git [--version] [--exec-path[=GIT_EXEC_PATH]] [--html-path]
           [-p|--paginate|--no-pager] [--no-replace-objects]
           [--bare] [--git-dir=GIT_DIR] [--work-tree=GIT_WORK_TREE]
           [--help] COMMAND [ARGS]

The most commonly used git commands are:
   add        Add file contents to the index
   bisect     Find by binary search the change that introduced a bug
   branch     List, create, or delete branches
   checkout   Checkout a branch or paths to the working tree
   clone      Clone a repository into a new directory
   commit     Record changes to the repository
   diff       Show changes between commits, commit and working tree, etc
   fetch      Download objects and refs from another repository
   grep       Print lines matching a pattern
   init       Create an empty git repository or reinitialize an existing one
   log        Show commit logs
   merge      Join two or more development histories together
   mv         Move or rename a file, a directory, or a symlink
   pull       Fetch from and merge with another repository or a local branch
   push       Update remote refs along with associated objects
   rebase     Forward-port local commits to the updated upstream head
   reset      Reset current HEAD to the specified state
   rm         Remove files from the working tree and from the index
   show       Show various types of objects
   status     Show the working tree status
   tag        Create, list, delete or verify a tag object signed with GPG
```

图6-43 Git

2. 在Mac OS系统上安装Git

推荐使用Mac OS系统的包管理工具Homebrew来安装Git，打开Terminal，输入如下命令即可完成安装。

```
brew install git
```

3. 在Windows系统上安装Git

在Windows系统上安装Git，可以从Git官网直接下载安装程序，然后按照默认选项安装即可。安装完成后，在"开始"菜单里找到"Git"→"Git Bash"命令，弹出类似命令行的窗口，说明Git安装成功，如图6-44所示。

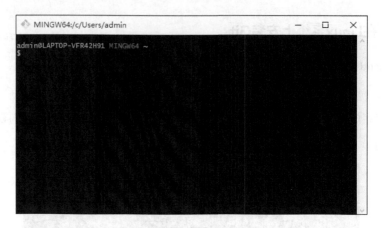

图6-44　Git窗口

在安装完Git后，应该做的第一件事就是设置用户名和邮件地址。这样做很重要，因为每次Git的提交都会用到这些信息。设置的命令如下。

```
# git config --global user.name "APITest"
# git config --global user.email apitest100@163.com
```

如上面命令所示，设置了用户名为"APITest"，对应的邮箱为"apitest100@163.com"。如果想检查你的配置，可以使用下面的命令。

```
# git config --list
user.name=APITest
user.email=apitest100@163.com
core.repositoryformatversion=0
core.filemode=true
core.bare=false
core.logallrefupdates=true
```

6.2.3　Git常用命令

本节内容包含常用的Git命令。掌握本节内容后，用户应该能够配置并初始化一个仓库（repository）、开始或停止跟踪（track）文件、暂存（stage）或提交（commit）更改。本节还将演示如何配置Git来撤销错误操作、如何浏览项目的历史版本及不同提交（commits）间的差异、如何向远程仓库推送（push）及拉取（pull）文件。

1. 获取Git仓库

获取Git项目仓库有两种方法。第一种是在现有项目或目录下导入所有文件到Git；第二种是从一个服务器克隆一个现有的Git仓库。

（1）在现有目录中初始化仓库。

如果打算使用Git来对现有项目进行管理，只需要进入该项目目录并输入以下命令。

```
# git init
```

该命令将创建一个名为.git 的子目录，这个目录含有初始化的Git仓库中所有的必需文件，这些文件是Git仓库的骨干。注意，这个时候，仅仅做了初始化操作，项目中的文件还没有被跟踪。

（2）克隆现有的仓库。

如果想获得一份已经存在了的Git仓库的复制品，要用到git clone命令。Git克隆的是该Git仓库服务器上的几乎所有数据，而不是仅仅复制完成工作所需要的文件。当执行 git clone命令的时候，默认配置下远程Git仓库中的每一个文件的每一个版本都将被拉取下来。克隆仓库的命令格式为git clone [url]。比如，要克隆API-test库，可以使用下面的命令。

```
# git clone https://github.com/StormPuck/API-test
```

这会在当前目录下创建一个名为API-test的目录，并在这个目录下初始化一个.git文件夹，从远程仓库拉取下所有数据放入 .git 文件夹，然后从中读取最新版本的文件的复制品。如果进入这个新建的 libgit2 文件夹，会发现所有的项目文件已经在里面了，准备就绪等待后续的开发和使用。如果想在克隆远程仓库的时候自定义本地仓库的名字，可以使用如下命令。

```
# git clone https://github.com/StormPuck/API-test local-git
```

这将执行与上一个命令相同的操作，不过在本地创建的仓库名变成了local-git，如图6-45所示。

```
[root@Beta-nginx test-dir]# ls -la local-git/  API-test/
API-test/:
总用量 84
drwxr-xr-x  3 root root  4096 2月   7 17:36 .
drwxr-xr-x 10 root root  4096 2月   7 17:41 ..
-rw-r--r--  1 root root   390 2月   7 17:36 Environment-storm.postman_environment.json
drwxr-xr-x  8 root root  4096 2月   7 17:36 .git
-rw-r--r--  1 root root 34070 2月   7 17:36 Project-storm.postman_collection.json
-rw-r--r--  1 root root  9411 2月   7 17:36 storm-dev.postman_collection.json
-rw-r--r--  1 root root   379 2月   7 17:36 storm-dev.postman_environment.json
-rw-r--r--  1 root root 10209 2月   7 17:36 storm.postman_collection.json
-rw-r--r--  1 root root   379 2月   7 17:36 storm-test.postman_environment.json

local-git/:
总用量 84
drwxr-xr-x  3 root root  4096 2月   7 17:41 .
drwxr-xr-x 10 root root  4096 2月   7 17:41 ..
-rw-r--r--  1 root root   390 2月   7 17:41 Environment-storm.postman_environment.json
drwxr-xr-x  8 root root  4096 2月   7 17:41 .git
-rw-r--r--  1 root root 34070 2月   7 17:41 Project-storm.postman_collection.json
-rw-r--r--  1 root root  9411 2月   7 17:41 storm-dev.postman_collection.json
-rw-r--r--  1 root root   379 2月   7 17:41 storm-dev.postman_environment.json
-rw-r--r--  1 root root 10209 2月   7 17:41 storm.postman_collection.json
-rw-r--r--  1 root root   379 2月   7 17:41 storm-test.postman_environment.json
[root@Beta-nginx test-dir]#
```

图6-45 local-git目录

2. 记录每次更新到仓库

得到了一个Git仓库后，要对仓库中的文件进行操作，并在操作完成时提交更新到仓库。

请记住，工作目录下的每一个文件都不外乎两种状态：已跟踪或未跟踪。已跟踪的文件是指那些被纳入版本控制的文件，在上一次快照中有它们的记录，在工作一段时间后，它们的状态可能处于未修改、已修改或已放入暂存区。工作目录中除已跟踪文件以外的所有其他文件都属于未跟踪文件，它们既不存在于上次快照的记录中，也没有放入暂存区。初次克隆某个仓库的时候，工作目录中的所有文件都属于已跟踪文件，并处于未修改状态。

编辑过某些文件之后，由于自上次提交后对它们做了修改，Git将它们标记为已修改文件。逐步将这些修改过的文件放入暂存区，然后提交所有暂存了的修改，如此反复。所以使用Git时文件的生命周期如图6-46所示。

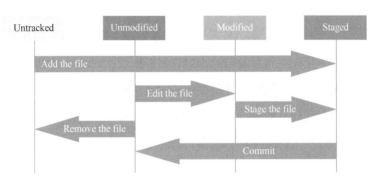

图6-46 文件生命周期

（1）检查当前文件状态。

要查看工作区文件处于什么状态，使用git status命令。如果克隆完仓库后，不做任何修改，使用此命令，可以看到类似如下的输出。

```
[root@Beta-nginx git-dir]# git status
# On branch master
#
# Initial commit
#
nothing to commit (create/copy files and use "git add" to track)
```

这说明现在的工作区相当干净，换句话说，所有已跟踪文件在上次提交后都未被更改过。此外，上面的信息还表明，当前工作区没有出现任何未跟踪状态的新文件。另外，命令还显示了当前所在的分支为master。

现在，在工作区创建一个新文件README。使用git status命令，将看到如下信息。

```
[root@Beta-nginx git-dir]# touch README
[root@Beta-nginx git-dir]# git status
# On branch master
#
# Initial commit
#
# Untracked files:
#   (use "git add <file>..." to include in what will be committed)
#
```

```
#       README
nothing added to commit but untracked files present (use "git add" to track)
```

在状态信息中可以看到新建的README文件出现在untracked files下面。未跟踪的文件意味着 Git 在之前的快照（提交）中没有这些文件；Git 不会自动将之纳入跟踪范围，除非明明白白地告诉它"我需要跟踪该文件"，这样的处理让用户不必担心将生成的二进制文件或其他不想被跟踪的文件包含进来。

（2）跟踪新文件。

用户可以使用git add命令跟踪一个新文件，下面的语句可用来跟踪README文件。

```
# git add README
```

然后，再次运行git status命令，会看到README文件已经被跟踪，并处于暂存状态。

```
# git status
# On branch master
#
# Initial commit
#
# Changes to be committed:
#   (use "git rm --cached <file>..." to unstage)
#
#       new file:    README
#
```

在"Changes to be committed"（变更未提交）这行下面，说明文件为暂存状态。

（3）提交新文件。

使用git commit -m "message"命令来提交变更的文件。这里使用命令git commit -m "add README file"将文件README提交到仓库。

```
# git commit -m "add README file"
[master (root-commit) af8d48c] add README file
 0 files changed, 0 insertions(+), 0 deletions(-)
 create mode 100644 README
```

然后，使用git status命令查看状态信息。

Chapter 6
Jenkins、Git与钉钉

```
# git status
# On branch master
nothing to commit (working directory clean)
```

可以看到，工作目录是干净的，没有东西需要提交。

（4）修改文件。

可以使用vi命令（Linux文件编辑器）来修改README文件，写一句话"the first change!"，保存退出。再次使用git status查看状态信息，具体如下。

```
# git status
# On branch master        //在master分支
# Changed but not updated:     //有变化但是没有更新
#   (use "git add <file>..." to update what will be committed)   //使用
git add命令更新要提交的文件
#   (use "git checkout -- <file>..." to discard changes in working dire
ctory)   //使用git checkout命令丢弃变更
#
#       modified:   README       //这里指明哪个文件有变化
#
no changes added to commit (use "git add" and/or "git commit -a") //没有
变更添加到暂存区，可以使用git add添加到暂存区，或者使用git commit -a命令跳过暂存区，直
接将变更添加到仓库
```

先使用git add命令将文件添加到暂存区，然后查看状态信息。

```
# git add README     //提交到暂存区
# git status    //查看状态信息
# On branch master
# Changes to be committed:    //等待提交到本地仓库
#   (use "git reset HEAD <file>..." to unstage)
#
#       modified:   README
#
```

使用git commit命令提交文件变更到本地仓库，然后使用git status命令查看状态信息。

```
# git commit -m "add a sentence"
[master 4652c53] add a sentence
 1 files changed, 1 insertions(+), 0 deletions(-)
```

```
# git status
# On branch master
nothing to commit (working directory clean)
```

再次更改README文件，然后使用git commit -a命令跳过暂存区，直接提交到仓库。

```
# git status    //查看状态信息
# On branch master
# Changed but not updated:
#   (use "git add <file>..." to update what will be committed)
#   (use "git checkout -- <file>..." to discard changes in working directory)
#
#       modified:   README
#
no changes added to commit (use "git add" and/or "git commit -a")
# git commit -a -m "add a sentense(2)"  //跳过暂存区，直接提交到本地仓库
[master 9ef5e06] add a sentense(2)
 1 files changed, 2 insertions(+), 1 deletions(-)
# git status //再次查看状态信息
# On branch master
nothing to commit (working directory clean)
```

（5）丢弃工作区变更。

再次编辑README文件，添加一句话"The third chan"，使用git status命令查看状态信息。

```
# git status
# On branch master
# Changed but not updated:
#   (use "git add <file>..." to update what will be committed)
#   (use "git checkout -- <file>..." to discard changes in working directory)
#
#       modified:   README
#
no changes added to commit (use "git add" and/or "git commit -a")
```

由于添加的句子写错了，想放弃本次变更，使用git checkout命令进行。

```
# cat README            //查看当前README文件的内容
The first change!
```

```
The second change!
The third chan
# git status              //查看状态信息
# On branch master
# Changed but not updated:
#   (use "git add <file>..." to update what will be committed)
#   (use "git checkout -- <file>..." to discard changes in working directory)
#
#       modified:   README
#
no changes added to commit (use "git add" and/or "git commit -a")
# git checkout -- README    //丢弃更新
# cat README                //再次查看README文件的内容，发现之前的修改被丢弃
The first change!
The second change!
```

（6）丢弃暂存区变更。

如果修改了文件，并且通过git add命令提交到了暂存区，想回退编辑该怎么办呢？具体如下。

```
# git status
# On branch master
# Changes to be committed:
#   (use "git reset HEAD <file>..." to unstage)
#
#       modified:   README
#
```

使用git reset HEAD [file]命令回退，具体如下。

```
# git reset HEAD README
Unstaged changes after reset:
M       README
```

再次查看状态信息，发现已经回到了git add之前的状态。

```
[root@Beta-nginx git-dir]# git status
# On branch master
# Changed but not updated:
#   (use "git add <file>..." to update what will be committed)
#   (use "git checkout -- <file>..." to discard changes in working directory)
```

```
#
#       modified:    README
#
no changes added to commit (use "git add" and/or "git commit -a")
```

（7）丢弃本地仓库变更。

如果修改了文件，还提交到了本地仓库，想回退该怎么办呢？方法是使用git log命令，查看下仓库提交历史信息，具体如下。

```
# git log
commit 4ea639cf6ec77f7b6de9d6ca2d99ee97667e6849
Author: APITest <apitest100@163.com>
Date:   Thu Feb 8 10:08:27 2018 +0800

    add a sentense(3)

commit 9ef5e064d204f52c35c10aca9d95d1f0a67f3d7e
Author: APITest <apitest100@163.com>
Date:   Thu Feb 8 09:48:17 2018 +0800

    add a sentense(2)

commit 4652c53741d5cbf42506941e8c66503c0d292de1
Author: APITest <apitest100@163.com>
Date:   Thu Feb 8 09:43:40 2018 +0800

    add a sentence

commit af8d48c982cdeae9c9a0bf96eb87c6e1954a4405
Author: APITest <apitest100@163.com>
Date:   Thu Feb 8 09:24:37 2018 +0800

    add README file
```

git log命令显示从最近到最远的提交日志，可以看到4次提交，最近一次是"add a sentense(3)"，最早一次是"add README file"。需要提示的是，这一大串类似"4ea639cf6ec77f7b6de9d6ca2d99ee97667e6849"的是commit id（版本号），上一个版本就是HEAD^，上上一个版本就是HEAD^^，当然往上50个版本写50个^不容易计数，所以写成HEAD～50，现在要把版本"add a sentense(3)"回退到上一个版本"add a sentense(2)"，就可以使用git reset命令。

```
# git reset --hard HEAD^
HEAD is now at 9ef5e06 add a sentense(2)
```

可以看到，回退成功，下面查看README文件的内容。

```
# cat README
The first change!
The second change!
```

果然回到了"add a sentense(2)"版本，再用git log命令查看下版本信息。

```
# git log
commit 9ef5e064d204f52c35c10aca9d95d1f0a67f3d7e
Author: APITest <apitest100@163.com>
Date:   Thu Feb 8 09:48:17 2018 +0800

    add a sentense(2)

commit 4652c53741d5cbf42506941e8c66503c0d292de1
Author: APITest <apitest100@163.com>
Date:   Thu Feb 8 09:43:40 2018 +0800

    add a sentence

commit af8d48c982cdeae9c9a0bf96eb87c6e1954a4405
Author: APITest <apitest100@163.com>
Date:   Thu Feb 8 09:24:37 2018 +0800

    add README file
```

之前看到的"add a sentense(3)"这个最新版本已经不存在了。这时候有人会问：想撤销回退怎么办？还想要"add a sentense(3)"这个版本怎么办？如果上面的命令行窗口还没关掉，就可以找到"add a sentense(3)"的版本ID"4ea639cf6ec77f7b6de9d6ca2d99ee97667e6849"，然后使用下面的命令，再回到指定版本。

```
# git reset --hard 4ea639cf6ec77f7b6de9d6ca2d99ee97667e6849   //回到指定版本
HEAD is now at 4ea639c add a sentense(3)
# cat README    //查看文件内容，果然回到了"add a sentense(3)"版本
```

```
The first change!
The second change!
The third
# git log              //查看当前仓库版本信息
commit 4ea639cf6ec77f7b6de9d6ca2d99ee97667e6849
Author: APITest <apitest100@163.com>
Date:   Thu Feb 8 10:08:27 2018 +0800

    add a sentense(3)

commit 9ef5e064d204f52c35c10aca9d95d1f0a67f3d7e
Author: APITest <apitest100@163.com>
Date:   Thu Feb 8 09:48:17 2018 +0800

    add a sentense(2)

commit 4652c53741d5cbf42506941e8c66503c0d292de1
Author: APITest <apitest100@163.com>
Date:   Thu Feb 8 09:43:40 2018 +0800

    add a sentence

commit af8d48c982cdeae9c9a0bf96eb87c6e1954a4405
Author: APITest <apitest100@163.com>
Date:   Thu Feb 8 09:24:37 2018 +0800

    add README file
```

（8）删除文件。

先按照前面的操作新建一个文件hello.txt，并提交到仓库。然后假设某一天不想要该文件了，于是在本地将其删除。

```
# ls          //查看本地仓库有两个文件
hello.txt   README
# rm hello.txt         //通过rm命令删掉hello.txt文件
rm: 是否删除普通空文件 "hello.txt"? y
# git status           //查看状态信息
# On branch master
```

```
# Changed but not updated:
#   (use "git add/rm <file>..." to update what will be committed)
#   (use "git checkout -- <file>..." to discard changes in working directory)
#
#       deleted:    hello.txt
#
no changes added to commit (use "git add" and/or "git commit -a")
```

现在可能有两个选择:第一种是删错了,由于版本库还有该文件,所以可以使用git checkout命令轻松将其找回。

```
# git checkout -- hello.txt    //找回删除的文件
# git status    //查看状态信息
# On branch master
nothing to commit (working directory clean)
# ls      //查看仓库,文件被找回了
hello.txt    README
```

第二个选择,确实想从版本库删除该文件,那么使用下面的命令。

```
# git status       //当前状态信息,工作区有删除文件
# On branch master
# Changed but not updated:
#   (use "git add/rm <file>..." to update what will be committed)
#   (use "git checkout -- <file>..." to discard changes in working directory)
#
#       deleted:    hello.txt
#
no changes added to commit (use "git add" and/or "git commit -a")
# git rm hello.txt    //通过gitrm删除文件
rm 'hello.txt'
# git status    //查看状态信息,此时可以使用git reset HEAD <file>回退
# On branch master
# Changes to be committed:
#   (use "git reset HEAD <file>..." to unstage)
#
#       deleted:    hello.txt
#
# git commit -a -m "delete hello.txt"    //提交删除文件
[master 494abf9] delete hello.txt
```

```
0 files changed, 0 insertions(+), 0 deletions(-)
 delete mode 100644 hello.txt
# git status          //查看状态信息
# On branch master
nothing to commit (working directory clean)
```

6.2.4 GitHub远程仓库

到目前为止，已经讲解了如何在Git本地仓库里对一个文件进行维护。接下来要更进一步，找一台计算机充当服务器的角色，每天24小时开机，其他每个人都从这个"服务器"仓库克隆一份文件到自己的计算机上，并且把各自的提交推送到服务器仓库里，也从服务器仓库中拉取别人的提交。用户完全可以自己搭建一台运行Git的服务器，不过现阶段，为了学Git先搭个服务器有点小题大做。接下来，将暂时借助GitHub来学习Git远程仓库的相关知识。GitHub提供Git仓库托管服务的，只要注册一个GitHub账号，就可以免费获得Git远程仓库。

1．注册GitHub账号

在继续阅读后续内容前，先来注册GitHub账号。进入GitHub官网，如图6-47所示。

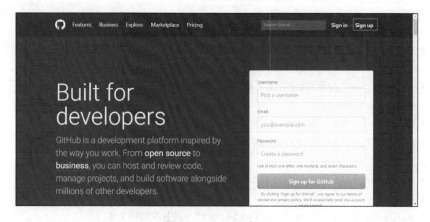

图6-47　GitHub官网

单击右上角的"Sign up"按钮,进入账号注册页面,从中填写基本信息,单击"Create an account"按钮,如图6-48所示。

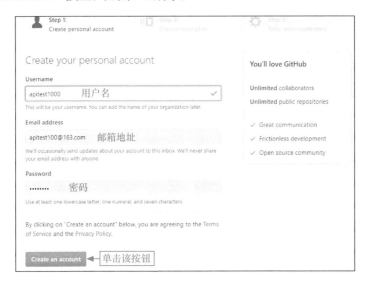

图6-48 注册GitHub账号

保持默认选项,依次单击"Continue"按钮、"Submit"按钮,完成注册,如图6-49所示。

图6-49 完成注册

2. 登录邮箱激活账号

登录GitHub注册时所使用的邮箱,单击"Verify email address"链接,激活账号，如图6-50所示。

图6-50　激活账号

3. 创建Repo

单击"Start a project"按钮，如图6-51所示。输入repository相关信息，如图6-52所示。这样，就在GitHub上创建了一个仓库。

图6-51　创建项目

4. 提交

提交本地仓库文件的方法有如下两种。

图6-52 创建repository

① 使用HTTP方式提交，如图6-53所示。

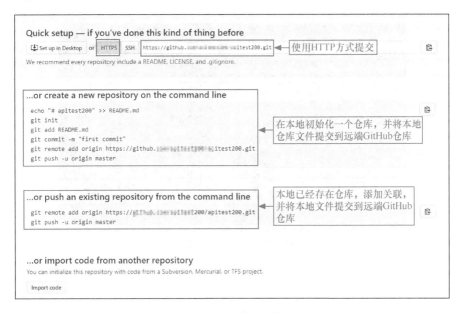

图6-53 HTTP方式

② 使用SSH方式提交，如图6-54所示。

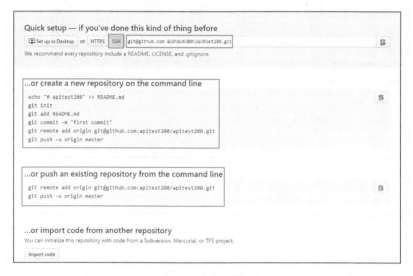

图6-54　SSH方式

如果更换要推送的GitHub账号仓库，需要重新申请一个SSH秘钥。使用命令ssh-keygen重新生成公钥和私钥，如图6-55所示。

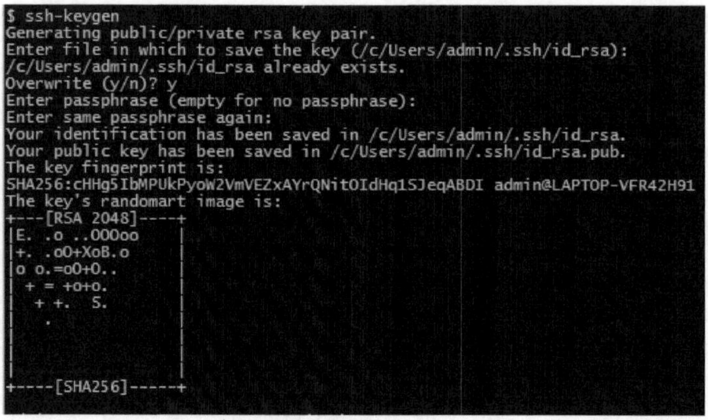

图6-55　生成公钥、私钥

在此过程中需要输入保存秘钥的路径及密码，之后即可查看并复制公钥，如图6-56所示，并将之粘贴到GitHub如图6-57所示。

图6-56 公钥信息

图6-57 粘贴到GitHub

6.2.5 搭建GitLab

GitLab是Git的开源本地解决方案，对于想保密又不愿花钱的团队来说，这是一个良好的解决方案。

1. 安装和配置必要的依赖项

使用下面的命令安装必要的依赖项和在系统防火墙打开HTTP和SSH访问权限（以CentOS 7系统为例）。

```
sudo yum install -y curl policycoreutils-python openssh-server
sudo systemctl enable sshd
```

```
sudo systemctl start sshd
sudo firewall-cmd --permanent --add-service=http
sudo systemctl reload firewalld
```

接下来，安装Postfix以发送通知邮件。如果想使用另一个解决方案来发送电子邮件，请跳过此步骤，并在安装了GitLab之后配置一个外部SMTP服务器。

```
sudo yum install postfix
sudo systemctl enable postfix
sudo systemctl start postfix
```

在Postfix安装期间，可能出现配置弹窗，选择"Internet Site"，按"Enter"键，输入邮箱地址，按"Enter"键。如果还有其他弹窗，继续按"Enter"键即可。

2. 添加GitLab包存储库并安装包

添加GitLab包存储库的语句如下。

```
curl https://packages.gitlab.com/install/repositories/gitlab/gitlab-ee/script.rpm.sh | sudo bash
```

接下来，安装GitLab包。将URL（http://gitlab.example.com）替换成将来你想访问GitLab的地址。安装将自动配置并在该URL启动GitLab。

```
sudo EXTERNAL_URL="http://gitlab.example.com" yum install -y gitlab-ee
```

3. 浏览到主机名和登录

在第一次访问时，系统将会打开一个密码重置页面，为初始管理员账号提供密码，用户将被重定向回登录页面，然后使用默认账号root登录。

6.3 钉钉

如果用户正在使用钉钉办公，那么使用Jenkins的钉钉插件能更方便地接收和处理项目构建信息。

6.3.1 钉钉简介

钉钉，阿里巴巴出品，是专为中国企业打造的免费智能移动办公平台，含PC版、Web版和手机版。智能办公电话、消息已读和未读、DING消息任务管理等功能让沟通更高效；移动办公考勤、签到、审批、企业邮箱、企业网盘、企业通讯录等功能让工作更简单。

1．设置钉钉群组机器人

① 通过浏览器访问钉钉官网，输入用户名和密码登录。

② 单击图6-58中右上方的"添加机器人"图标，创建群组（接收构建消息的人群）。选择"自定义"机器人，如图6-59所示。设置机器人名字，如图6-60所示。

图6-58　钉钉群组

图6-59　添加自定义机器人

图6-60 设置机器人名字

单击"复制"按钮,复制webhook,webhook后面包含access token,如图6-61所示。

图6-61 设置webhook

2. 为手机安装钉钉应用

① 从应用商店或者钉钉官网下载钉钉应用。

② 打开钉钉应用,在设置中,开启接收新消息通知。

③ 打开手机"设置",在"权限管理"中找到"钉钉",选择"信任此应用"。

④ 打开手机"设置",在"应用管理"中找到"钉钉",打开"允许通知"权限。

> **注意** ▶ 不同手机操作系统,不同手机型号,设置稍有不同,但思路一样,都是开启应用端消息提醒功能,且开启手机端钉钉应用的提醒权限。

6.3.2 集成Jenkins

在Jenkins中设置钉钉的步骤如下。

(1)安装钉钉插件。

登录Jenkins,选择"系统管理"→"管理插件"→"可选插件"选项卡,搜索"dingding",安装。

(2)配置构建后任务。

进入任务配置,在"构建后操作"中添加"钉钉通知器配置",如图6-62所示。

图6-62 添加钉钉通知器

输入从前面webhook处得到的access token，保存，如图6-63所示。

图6-63　access token

（3）接收并处理钉钉消息。

再次构建任务，从Web端（见图6-64）和APP端（见图6-65）查看构建消息。

图6-64　Web端消息提醒　　　　图6-65　App端消息提醒

本章只花了较小的篇幅介绍使用钉钉来接收Jenkins任务构建消息，主要出于如下两方面考虑。

① 钉钉的目标是智能移动办公平台，如果用户的公司恰好在用钉钉，那么将其集成到Jenkins中是一件锦上添花的事情；否则用邮件App来接收提醒也能实现移动端办公。

② 能够配合Jenkins的"机器人"有很多，如Slack、BearyChart等。

Chapter 7
接口测试持续集成

第6章学习了Jenkins、Git、钉钉等工具的基本操作,本章将它们整合到接口测试中。

本章开始先梳理一下接口测试的流程。

① 测试人员A在Windows系统或Mac OS系统机器上借助Postman工具测试接口。

② 每天或定期将最新的接口集合文件导出到本地。

③ 将最新的集合文件推送到Git服务器（GitHub或本地GitLab）。

④ Jenkins每次运行接口测试时，先做一次文件拉取动作，然后通过命令行执行接口测试。

⑤ 将测试结果通过邮件或钉钉发送给项目负责人。

接下来以豆瓣的搜索图书API接口为例，演示接口测试持续集成的过程，被测接口如图7-1所示。

图7-1　豆瓣搜索图书接口

7.1 整合GitHub

下面通过GitHub来维护接口测试文件。

1. 准备环境

① 登录GitHub账号。

② 创建一个repo，取名为douban，如图7-2所示。

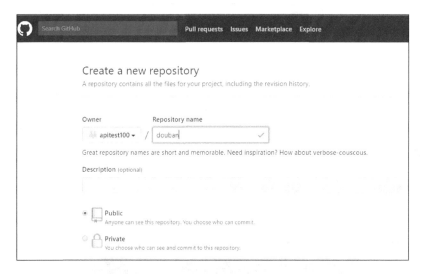

图7-2 创建repo

创建成功后，复制项目的SSH Clone地址，如图7-3所示。

③ 进入Windows系统机器D盘的根目录，右键单击Git Bash Here，输入如下命令。

```
$ git clone git@github.com:apitest100/douban.git
```

按"Enter"键，这样就创建了一个本地Git仓库。

④ 查看目录文件，如图7-4所示。

接口自动化测试持续集成
——Postman+Newman+Git+Jenkins+钉钉

图7-3　复制项目的SSH Clone地址

图7-4　本地仓库

2. 将集合相关文件推送到远端

① 从Postman导出测试集合及环境文件。

② 将其保存在本地Git文件夹中。

③ 返回Git bash命令行窗口，将文件推送到GitHub，如图7-5和图7-6所示。

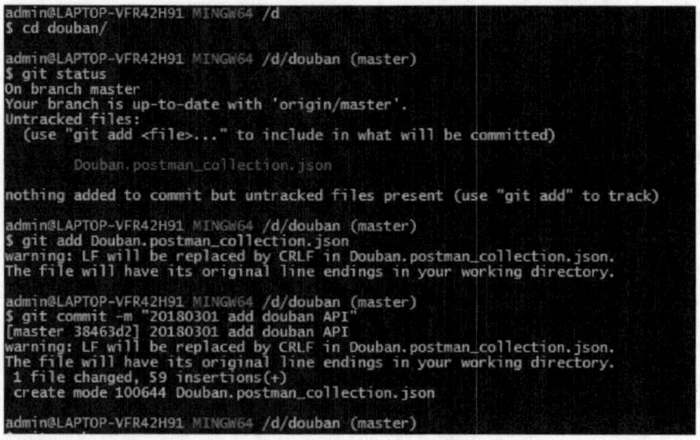

图7-5　提交文件

Chapter 7 接口测试持续集成

```
admin@LAPTOP-VFR42H91 MINGW64 /d/douban (master)
$ git push
Enter passphrase for key '/c/Users/admin/.ssh/id_rsa':
Counting objects: 3, done.
Delta compression using up to 4 threads.
Compressing objects: 100% (3/3), done.
Writing objects: 100% (3/3), 886 bytes | 0 bytes/s, done.
Total 3 (delta 0), reused 0 (delta 0)
To git@github.com:apitest100/douban.git
   bc3b34c..38463d2  master -> master

admin@LAPTOP-VFR42H91 MINGW64 /d/douban (master)
$
```

图7-6 推送远程仓库

查看GitHub仓库，文件已经推送到了GitHub，如图7-7所示。

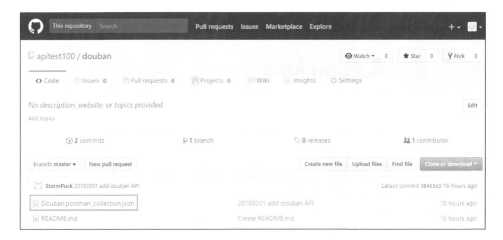

图7-7 GitHub仓库文件

3. 持续更新集合文件

① 当集合中的请求或者环境变量有更新时，再次从Postman导出这些文件，并将其保存在本地Git文件夹中。

② 进入Git bash命令行窗口，将文件推送到GitHub。

③ 不断循环上面的步骤，就可以持续更新接口测试用例。

用户需要注意以下几点。

① 为每个特性创建一个分支。

② 测试必须与开发人员代码本身在相同的存储库中进行，从开发环境到所有

的生产。所以每个版本的代码都有自己的测试版本。

③ 创建Jenkins构建任务时，将变量参数化。这样，用户可以通过Jenkins轻松地在任何环境中运行相同的测试。

④ 在进行更改之前，一定要确保从主分支或准备分支中获取最新的代码。用户可以通过以下命令进行。

```
git pull origin master
```

⑤ 用户可以为特定分支上的每个代码设置测试运行触发器，如果它失败，则不应该对测试环境进行部署。

7.2 整合Jenkins

因为Newman支持命令行运行，那么集成Jenkins就很简单了。接下来，将以Cent OS系统作为示例演示如何将Newman整合到Jenkins中，因为在大多数情况下，用户的CI服务器将运行在一台远程Linux机器上。

1. 创建接口测试项目

① 通过浏览器打开Jenkins，创建一个自由风格的项目。

② 添加构建步骤，这里添加一个Execute shell的构建步骤。

如果用户的Jenkins部署在Windows系统下，则添加一个Execute Windows batch command构建步骤。

添加的shell命令如下。

```
source /etc/profile
newman run /test-dir/Douban.postman_collection.json
```

第一条命令的意思是加载环境变量，具体如图7-8所示。

接口测试持续集成

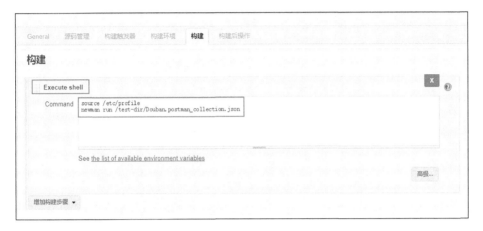

图7-8 构建命令

2. 配置运行频率

这里选择每天凌晨1点钟执行接口测试，如图7-9所示。

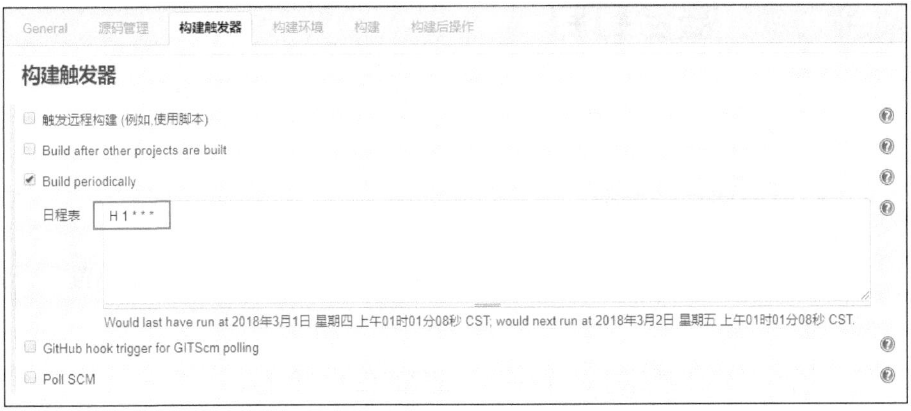

图7-9 配置构建周期

3. 配置邮件发送

配置邮件发送给apitest300@163.com，如图7-10所示。

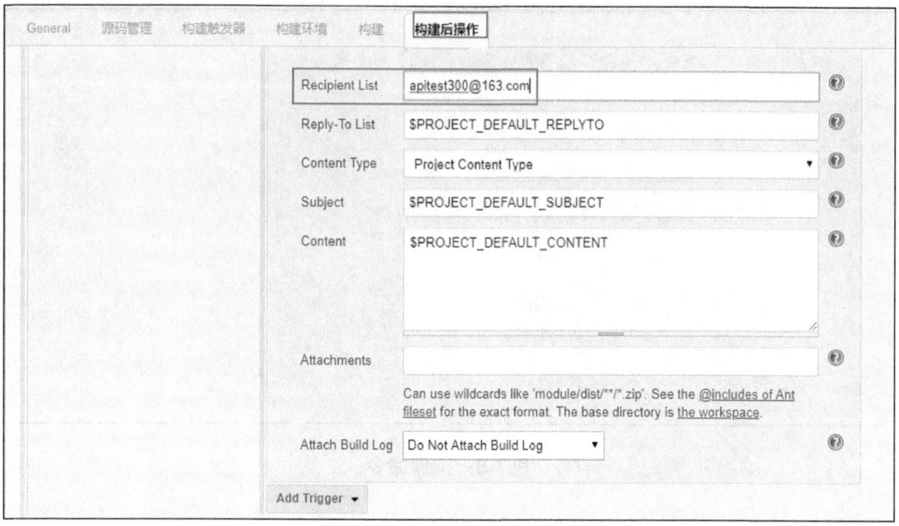

接口自动化测试持续集成
——Postman+Newman+Git+Jenkins+钉钉

图7-10 配置邮件地址

7.3 整合钉钉

1. 配置构建后的任务

进入任务配置，在"构建后操作"选项卡中添加"钉钉通知器配置"，如图7-11所示。

输入前面webhook得到的access token（见图7-12），保存。

2. 接收并处理钉钉消息

再次构建任务，从Web端（见图7-13）和App端（见图7-14）查看构建消息，如图7-13和图7-14所示。

本节通过整合GitHub、Jenkins、钉钉，实现了测试文件持续集成、接口测试自动化执行及项目测试结果的实时通知。

Chapter 7 接口测试持续集成

图7-11 钉钉通知器

图7-12 access token

图7-13 Web端通知

图7-14 App端通知

Chapter 8

项目接口测试实战

本章使用一个实际项目演示如何进行一次完整的接口自动化测试,并对前面章节的内容进行回顾和总结。

8.1 项目介绍

本章的接口测试项目由BestTest测试培训机构提供，读者可加入QQ群460430320或扫描封底二维码自行下载并运行该项目，以完成一个完整的接口自动化测试过程。该项目基于Python环境、Tornado框架。

本项目共提供6个HTTP接口，包含GER、POST请求，涉及键值对（key-value）、JSON格式传递参数，涉及Cookies、权限验证、文件上传等。

8.1.1 项目部署

用户可以将本项目部署到Windows、Linux、Mac OS等系统环境上，本书以Windows系统为例。

1. 安装Python

① 打开Python官网，根据操作系统，下载对应Python安装文件，如图8-1所示。

图8-1 Python官网

本书使用的是3.x版本的Python。

② 安装Python，双击运行安装文件，根据提示，单击"下一步"按钮，完成安装。

③ 测试Python是否安装成功，使用"⊞ + R"组合键打开运行对话框，输入"cmd"，单击"确定"按钮，如图8-2所示。

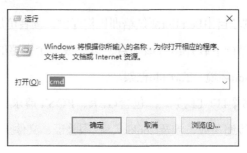

图8-2 运行"cmd"

在命令行中输入"python"，出现Python版本信息，代表Python安装成功，如图8-3所示。

图8-3 Python版本信息

2. 安装Tornado

使用Python的pip工具安装Tornado，在命令行输入"pip install tornado"，按"Enter"键，出现与图8-4类似的提示信息，表示安装成功。

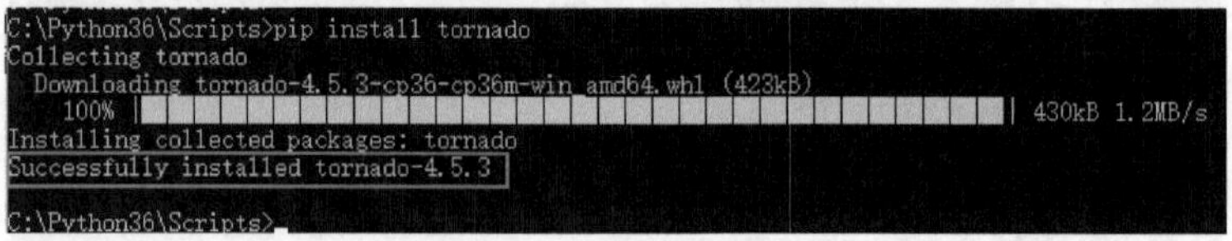

图8-4 安装Tornado

3. 安装storm.py

① 读者可从配套资源中下载相关文件，将其放到E盘根目录（当然也可以放到

其他目录，路径中不要有中文字符）。

② 打开命令行，运行python E:\storm.py。

③ 测试。打开浏览器，输入"http://localhost:8081/getuser"，如果浏览器返回如图8-5所示的界面，证明环境部署成功。

图8-5　浏览器响应

8.1.2　查看接口文档

读者可以通过在ShowDoc官网地址后面增加"storm123"（即"ShowDoc官网"+"storm123"的链接形式）访问本书第8.1.1节中部署项目对应的接口文档，如图8-6所示。本书将文档托管在ShowDoc上，共包含6个接口。

图8-6　项目接口文档

本地文档如下。

- 1 获取用户信息（一）

    1.1 功能描述

    获取用户信息：该接口用于通过userid命令获取用户信息。

    1.2 请求地址

    http://localhost:8081/getuser。

    1.3 请求方法

    POST/GET。

    1.4 入参

参数	数据类型（长度）	是否必传	备注
userid	String	Y	用户ID

    1.5 出参

参数	数据类型（长度）	备注
code	int	状态码200为成功，500为异常
age	int	年龄
id	string	用户ID
name	String	用户姓名

    1.6 示例

    请求：

    http://localhost:8081/getuser?userid=1

    返回：

    {"age": 18, "code": 200, "id": "1", "name": "小明"}

- 2 获取用户余额

    2.1 功能描述

    获取用户余额：传入userid获取用户余额。

    2.2 请求地址

    http://localhost:8081/getmoney。

2.3 请求方法

POST。

2.4 入参

参数	数据类型（长度）	是否必传	备注
userid	String	Y	用户ID

2.5 出参

参数	数据类型（长度）	备注
code	int	状态码200为成功，500为异常
userid	int	用户ID
money	string	余额

2.6 示例

请求：

http://localhost:8081/getmoney?userid=1

返回：

{'code':200,'userid':1,'money':1000}

- **3 修改用户余额（一）**

3.1 功能描述

修改用户余额：需要有HTTP权限验证，账号为admin，密码为123456。

3.2 请求地址

http://localhost:8081/setmoney。

3.3 请求方法

POST。

3.4 入参

参数	数据类型（长度）	是否必传	备注
userid	String	Y	用户ID
money	String	Y	修改的余额数值

3.5 出参

参数	数据类型（长度）	备注
code	int	状态码200为成功，500为异常
success	String	状态

3.6 示例

请求：

http://localhost:8081/setmoney?userid=1&money=5000

返回：

{'code':200,'success':'成功'}

注意，如果调用的时候传入的账号密码不对或者没传的话，返回权限验证失败。

- 4 获取用户信息（二）

    4.1 功能描述

    获取用户信息：需要添加Headers、Content-Type application/JSON。

    头（Headers）：服务器以HTTP协议传HTML资料到浏览器前所送出的字串，在头与HTML文件之间尚需空一行分隔。

    4.2 请求地址

    http://localhost:8081/getuser2。

    4.3 请求方法

    GET/POST。

    4.4 入参

参数	数据类型（长度）	是否必传	备注
userid	String	Y	用户ID

4.5 出参

参数	数据类型（长度）	备注
code	int	状态码200为成功，500为异常
userid	int	用户ID
name	string	用户名称
age	int	用户年龄

4.6 示例

请求：

http://localhost:8081/getuser2?userid=1

返回：

{'code':200,id':1,'name':'小明','age':18}

- ## 5 修改用户余额（二）

5.1 功能描述

功能描述：需要添加Cookies，Token Token是固定的token12345。

5.2 请求地址

http://localhost:8081/setmoney2。

5.3 请求方法

POST

5.4 入参

参数	数据类型（长度）	是否必传	备注
userid	String	Y	用户ID
money	String	Y	修改的余额数值

5.5 出参

参数	数据类型（长度）	备注
code	int	状态码200为成功，500为异常
success	String	状态

5.6 示例

请求：

http://localhost:8081/setmoney2?userid=1&money=5000

返回：

{'code':200,'success':'成功'}

注意，和接口3一样，不过是需要传入Cookies，不需要HTTP权限验证了。

- 6 上传文件

6.1 功能描述

上传文件：向服务器（211.149.218）指定目录传送文件。

6.2 请求地址

http://localhost:8081/uploadfile。

6.3 请求方法

POST。

6.4 入参

参数	数据类型（长度）	是否必传	备注
file	String	Y	上传文件

6.5 出参

参数	数据类型（长度）	备注
code	int	状态码200为成功，500为异常
success	String	状态

8.2 编写接口测试文档

测试计划用于确认需求，确定接口测试范围，是后续接口测试的指导性文件，而接口测试用例则用来指导接口测试工作的具体实施,两者都非常重要。

8.2.1 编写接口测试计划

本节提供一份测试计划,供读者参考。

- 1 概述

    1.1 目的

    ① 确认需求。

    ② 保证测试进度,确定测试方法和测试环境,为设计测试用例做准备。

    ③ 通过具体的测试方法,测试该项目接口是否按需求实现相应功能。

    1.2 测试范围

    ① 确认Storm项目接口的基本功能。

    ② 确认测试交付时间点。

    ③ 确认接口性能要求。

    ④ 此计划作为测试依据:控制测试时间、编写测试用例、执行测试阶段及过程、追踪漏洞记录、提交测试报告。

    1.3 参考资料

文档(版本/日期)	作者	备注
《需求文档.doc》	×××	产品输出文档
《接口文档.doc》		

    1.4 测试应提交文档

提交时间	编写人员	文档名称
2017/12/12	×××	×××测试计划
2017/12/29	×××	×××测试用例
2018/1/18	×××	×××测试报告

- 2 测试资源

    2.1 测试环境

类别	资源名称	资源说明
硬件环境	工作机	I5 4核CPU、8G内存、500G硬盘
	服务器	阿里云OS
软件环境	工作机操作系统	Windows 10
	服务器操作系统	CentOS
	Redmine	缺陷管理系统
	Postman	接口测试工具
	GitHub、Jenkins、钉钉	接口测试持续集成及监控软件

    2.2 测试里程碑计划

任务分解	工作量	开始时间	结束时间	负责人
集成/软件测试计划编写				×××
集成/软件测试计划评审				×××
集成/软件测试用例设计				×××
集成/软件测试用例评审				×××
集成/软件测试执行				×××
集成/软件测试报告				×××
×××集成测试问题修复验证				×××

- 3 测试功能以及重点

    3.1 测试对象

    此次测试组只对接口的功能以及性能做测试，以下所有的功能点均是制作测试用例的大纲。

3.2 测试功能及重点

3.2.1 获取用户信息(一)

项目	内容
测试目标	基础用户ID获取用户信息
测试范围	测试接口是否支持用户ID,并且有预期返回结果,预期结果中有返回用户姓名和年龄
技术	利用有效和无效的数据来编写用例并执行测试以核实以下内容: (1)在使用有效数据时得到预期的结果(操作正确符合用户思维) (2)在使用无效数据时返回相应的错误消息或警告消息(非法操作时的警告结果)
接口Case示例	Userid=1 Userid=2
完成标准	实现按用户ID的查询功能 所发现严重程度为1、2、3级的漏洞(BUG)已全部解决。
测试重点和优先级	重点为用户ID查询,主要验证接口参数与返回数据的正确性

3.2.2 获取用户信息(二)

项目	内容
测试目标	根据用户ID,查询用户信息
测试范围	测试接口要求添加Header,可以查询得到预期结果
技术	测试以核实以下内容: (1)设置有效的部分关键字数据搜索可以得到预期结果 (2)设置无效的部分关键字数据返回则是错误消息
接口Case示例	userid=1
完成标准	实现需求,添加Header,可以完成查询;否则报警 所发现严重程度为1、2、3级的BUG已全部解决
测试重点和优先级	优先级可以根据需求及严重来定,主要根据测试用例和需求人员拟定

3.2.3 获取用户余额

项目	内容
测试目标	根据用户ID获取对应余额
测试范围	测试接口要求入参为JSON格式，返回用户余额信息
技术	编写用例并执行测试以核实以下内容： （1）入参格式为JSON格式，且ID正确，返回正确信息 （2）入参格式非JSON格式，或ID不正确，有合理提示信息
接口Case示例	{userid = 1}
完成标准	实现需求，入参为{userid = 1}，返回用户id=1的余额 所发现严重程度为1、2、3级的BUG已全部解决
测试重点和优先级	优先级可以根据需求及严重来定，主要根据测试用例和需求人员拟定

3.2.4 修改用户余额（一）

项目	内容
测试目标	修改用户余额
测试范围	测试接口要求进行HTTP权限认证
技术	编写用例并执行测试以核实以下内容： （1）正确的HTTP权限认证，可以修改用户余额 （2）错误的HTTP权限认证，或五HTTP权限认证，无法修改用户余额
接口Case示例	Basic auth：admin/123456
完成标准	实现需求，输入用户名=admin，密码=123456，可以修改用户余额；输入用户名admin1，密码=123456，无法修改用户余额 所发现严重程度为1、2、3级的BUG已全部解决
测试重点和优先级	所有高德POI分类，在Case设计时涵盖大部分常用分类以用来验证此功能是否实现。优先级可以根据需求及重要性来定，主要根据测试用例和需求人员拟定

3.2.5 修改用户余额（二）

项目	内容
测试目标	修改用户余额（二）
测试范围	测试修改用户余额（二）接口，采用Cookies方式
技术	利用有效和无效的组合数据来编写用例并执行测试以核实以下内容： （1）在使用有效数据时得到预期的结果（操作正确符合用户思维） （2）在使用无效数据时返回相应的错误消息或警告消息（非法操作时的警告结果）
接口case示例	Cookie=token12345
完成标准	实现需求，输入正确Cookies，可以修改用户余额 所发现严重程度为1、2、3级的BUG已全部解决
测试重点和优先级	无

3.2.6 上传文件

项目	内容
测试目标	上传文件接口
测试范围	测试上传文件接口
技术	编写用例并执行测试以核实以下内容： （1）上传不同格式的文件 （2）上传不同大小的文件
接口Case示例	File = 文件
完成标准	实现需求，可以上传文件 所发现严重程度为1.2.3级BUG已全部解决
测试重点和优先级：	无

3.3 自动化测试

项目	内容
测试目标	对请求URL批量进行自动化测试
测试范围	测试接口返回数据是否正常，返回结果均记录在LOG里

续表

项目	内容
技术	借助Postman工具实现此功能
接口Case示例	借助自动化工具回归测试用例
完成标准	实现要求：有效数据正常返回则记录PASS，如果无效数据返回无结果PASS，反之则FAIL
测试重点和优先级	借助测试工具或语言实现，便于回归测试，减少手动的重复性测试工作，保证基本功能接口正常

- 4 集成/软件测试策略

整体测试方案：按照测试计划严格控制测试过程，与产品人员讨论需求，编写测试用例，与开发沟通测试中发现的问题，编写测试报告。

测试类型：此次接口测试只做功能测试与性能测试。

性能测试方案：不涉及。

回归测试方案：对上一版本已解决问题和基础功能进行回归验证，基础功能测试用例进行自动化验证，其中手工抽查测试用例加以验证，以此保证原有功能正常。

- 5 测试风险

本次测试过程中，可能出现的风险如下。

① 需求变更导致开发周期延迟从而导致测试日期延后。

② 需求不明确导致开发周期延迟从而导致测试日期延后。

- 6 测试标准

6.1 测试指标

使用Redmine工具进行管理。

问题严重度	严重度描述	优先级
P1	导致系统崩溃，数据丢失，响应码出现404、500等，访问速度过慢等，需求中的功能没有实现	立即修改，影响测试进度（immediate）

续表

问题严重度	严重度描述	优先级
P2	功能完全错误，错误非常明显，下载失败，参数格式错误，数据异常，接口回调数据异常，UI明显有问题	急需修改，影响用户使用（urgent）
P3	较高，功能部分错误，参数名称错误等，功能有缺陷	应需修改，影响用户体验（high）
P4	一般错误，错误不是很明显，小问题，客户要求改善需求体验等问题	建议修改，加强用户体验（normal）
P5	增加用户体验的建议问题	建议修改，加强用户体验（low）

严重程度和优先级都是从1～5，从高到低；在验收环节1、2、3级问题必须全解决或者标注不能及时解决的原因，告知大家，问题可以延后处理。4级问题总数不能超过总量的20%，不然认为BUG过多不允许通过。

6.2 测试通过标准

验收标准如下。

P1级BUG或缺陷必须全部解决，功能级Test Case通过率必须为100%。

P2、P3级BUG或缺陷必须全部解决，功能级Test Case通过率必须为100%。

P4级BUG或缺陷解决80%。

P5级为建议修改，主要为增加体验，在允许的范围内也需尽量修改。

（读者可从配套资源中下载接口测试计划文档）

8.2.2 编写接口测试用例

读者从配套资源中下载集合文件storm.postman_collection.JSON，及对应的环境变量文件storm-test.postman_environment.JSON。

针对上述项目接口，这里列出一份接口测试用例供参考，如表8-1所示。

表8-1 接口测试用例

用例ID	接口名称	用例标题	请求URL	请求方法	前置条件	请求参数	响应

storm-001	获取用户信息	GET请求——获取用户信息成功	http://localhost:8081/getuser	GET		userid=1	{
							"code": 200,
							"id": "1",
							"name": "小明",
							"age": 18
							}

storm-002	获取用户信息	GET请求——获取不存在的用户信息	http://localhost:8081/getuser	GET		userid=2	{
							"code": 500,
							"msg": "没有这个用户"
							}

storm-003	获取用户信息	GET请求——不传递参数	http://localhost:8081/getuser	GET			{
							"code": 500,
							"msg": "非法用户"
							}

storm-004	获取用户信息	GET请求——传递参数为负数	http://localhost:8081/getuser	GET		userid=-1	{
							"code": 500,
							"msg": "没有这个用户"
							}

storm-005	获取用户信息	GET请求——传递参数为非法字符	http://localhost:8081/getuser	GET		userid=admin	{
							"code": 500,
							"msg": "非法用户"
							}

续表

用例ID	接口名称	用例标题	请求URL	请求方法	前置条件	请求参数	响应

storm-006	获取用户信息	POST请求——获取用户信息成功	http://localhost:8081/getuser	POST		userid=1	{
							"code": 200,
							"id": "1",
							"name": "小明",
							"age": 18
							}

storm-007	获取用户信息	POST请求——获取不存在的用户信息	http://localhost:8082/getuser	POST		userid=2	{
							"code": 500,
							"msg": "没有这个用户"
							}

storm-008	获取用户信息	POST请求——不传递参数	http://localhost:8082/getuser	POST			{
							"code": 500,
							"msg": "非法用户"
							}

storm-009	获取用户信息	POST请求——传递参数负数	http://localhost:8081/getuser	POST		userid=-1	{
							"code": 500,
							"msg": "没有这个用户"
							}

storm-010	获取用户信息	POST请求——传递参数为非法字符	http://localhost:8081/getuser	POST		userid=admin	{
							"code": 500,
							"msg": "非法用户"
							}

续表

用例ID	接口名称	用例标题	请求URL	请求方法	前置条件	请求参数	响应

storm-011	获取用户信息	POST请求——一个较大的值	http://localhost:8081/getuser	POST		userid=100000	{
							"code": 500,
							"msg": "非法用户"
							}

storm-012	获取用户信息（2）	GET请求——成功获取用户信息	http://localhost:8081/getuser2	GET	添加Header: Content-Type=application/JSON	userid=1	{
							"code": 200,
							"id": 1,
							"name": "小明",
							"age": 18
							}

storm-013	获取用户信息（2）	GET请求——不传Header	http://localhost:8081/getuser2	GET		userid=1	{
							"code": 500,
							"msg": "请设置Content-Type为application/JSON"
							}

storm-014	获取用户信息（2）	GET请求——Header传递错误	http://localhost:8081/getuser2	GET	添加Header: Content-Type=application/JSON123	userid=1	{
							"code": 500,
							"msg": "请设置Content-Type为application/JSON"
							}

续表

用例ID	接口名称	用例标题	请求URL	请求方法	前置条件	请求参数	响应
storm-015	获取用户信息（2）	GET请求——不传userid	http://localhost:8081/getuser2	GET			{ "code": 500, "msg": "没有这个用户" }
storm-016	获取用户信息（2）	GET请求——userid不存在	http://localhost:8081/getuser2?userid=2	GET			{ "code": 500, "msg": "没有这个用户" }
storm-017	获取用户余额	POST请求——成功获取用户余额	http://localhost:8081/getmoney	POST	入参为JSON	{ "userid":1 }	{ "code": 200, "userid": 1, "money": 1000 }
storm-018	获取用户余额	POST请求——入参非JSON格式	http://localhost:8081/getmoney	POST		userid=1	{ "code": 500, "msg": "参数错误" }
storm-019	获取用户余额	POST请求——入参错误	http://localhost:8081/getmoney	POST		{ "userid":2 }	{ "code": 500, "msg": "没有这个用户" }

续表

用例ID	接口名称	用例标题	请求URL	请求方法	前置条件	请求参数	响应

storm-020	获取用户余额	POST请求——无入参	http://localhost:8081/getmoney	POST			{
							"code": 500,
							"msg": "参数错误"
							}

storm-021	获取用户余额	POST请求——入参非法	http://localhost:8081/getmoney	POST		{
						"userid":
						"admin"
						}
							{
							"code": 500,
							"msg": "没有这个用户"
							}

storm-022	获取用户余额	GET请求——无法获取用户余额	http://localhost:8081/getmoney	GET		userid=1	\<html\> \<title\>405: Method Not Allowed\</title\> \<body\>405: Method Not Allowed\</body\> \</html\>

storm-023	修改用户余额	POST请求——成功修改用户余额	http://localhost:8081/setmoney	POST	需要有HTTP权限验证，账号为admin，密码为123456	userid=1
						money=200
							{
							"code": 200,
							"success": "成功"
							}

项目接口测试实战

续表

用例ID	接口名称	用例标题	请求URL	请求方法	前置条件	请求参数	响应

storm-024		POST请求——无HTTP权限验证	http://localhost:8081/setmoney	POST		userid=1
						money=200
							{
							"code": 500,
							"msg": "需要认证"
							}

storm-025		POST请求——有HTTP权限验证，但密码错误	http://localhost:8081/setmoney	POST	账号为admin，密码为11111	userid=1
						money=200
							{
							"code": 500,
							"msg": "认证失败"
							}

storm-026		POST请求——权限验证正确，但userid非法	http://localhost:8081/setmoney	POST	需要有HTTP权限验证，账号为admin，密码为123456	userid=2
						money=200
							{
							"code": 500,
							"msg": "没有这个用户"
							}

storm-027		POST请求——权限验证正确，userid正确，money非法	http://localhost:8081/setmoney	POST	需要有HTTP权限验证，账号为admin，密码为123456	userid=1 money=900.9	\<html\> \<title\>500: Internal Server Error\</title\> \<body\>500: Internal Server Error\</body\> \</html\>

续表

用例ID	接口名称	用例标题	请求URL	请求方法	前置条件	请求参数	响应
storm-028	修改用户余额（2）	GET请求——无法修改用户余额	http://localhost:8081/setmoney	GET	需要有HTTP权限验证，账号为admin，密码为123456	userid=1 money=900	\<html\> \<title\>405: Method Not Allowed\</title\> \<body\>405: Method Not Allowed\</body\> \</html\>

storm-029		POST请求——成功修改用户余额	http://localhost:8081/setmoney2	POST	需要添加Cookies，token=token12345	userid=1
						money=900
							{
							"code": 200,
							"success": "成功"
							}

storm-030		POST请求——无Cookie	http://localhost:8081/setmoney2	POST		userid=1
						money=900
							{
							"code": 500,
							"msg": "cookie认证失败"
							}

storm-031		POST请求——Cookies错误	http://localhost:8081/setmoney2	POST	token=token1111	userid=1
						money=900
							{
							"code": 500,
							"msg": "cookie非法"
							}

续表

用例ID	接口名称	用例标题	请求URL	请求方法	前置条件	请求参数	响应

storm-032		POST请求——用户ID非法	http://localhost:8081/setmoney2	POST	需要添加Cookies，token=token12345	userid=2 money=900	{
							"code": 500,
							"msg": "没有这个用户"
							}

storm-033		POST请求——money非法	http://localhost:8081/setmoney2	POST		userid=1 money=900.9	\<html\> \<title\>500: Internal Server Error\</title\> \<body\>500: Internal Server Error\</body\> \</html\>
storm-034		GET请求——无法修改用户余额	http://localhost:8081/setmoney2	GET		userid=1 money=900	\<html\> \<title\>405: Method Not Allowed\</title\> \<body\>405: Method Not Allowed\</body\> \</html\>

storm-035	上传文件	POST请求——上传txt文件	http://localhost:8081/uploadfile	POST	txt文件格式	file=1.txt	{
							"code" : 200,
							"success": "成功"
							}

续表

用例ID	接口名称	用例标题	请求URL	请求方法	前置条件	请求参数	响应

storm-036	上传文件	POST请求——上传doc文件	http://localhost:8081/uploadfile	POST	doc文件	file=1.docx	{
							"code": 200,
							"success": "成功"
							}

storm-037	上传文件	POST请求——上传jpg文件	http://localhost:8081/uploadfile	POST	jpg文件	file=1.jpg	\<html\> \<title\>500: Internal Server Error\</title\> \<body\>500: Internal Server Error\</body\> \</html\>

storm-038	上传文件	POST请求——上传中文文件名	http://localhost:8081/uploadfile	POST	中文文件名	file=中文.txt	{
							"code": 200,
							"success": "成功"
							}

8.3 执行接口测试

有了测试用例做指导，下面借助Postman完成接口功能测试。

8.3.1 从Postman执行接口测试

1．测试用例：storm-001

在Postman中构造接口请求，如图8-7所示。

图8-7　storm-001

为了使请求更健壮，使用环境变量代替IP地址及端口，设置domain=localhost:8081，如图8-8所示。

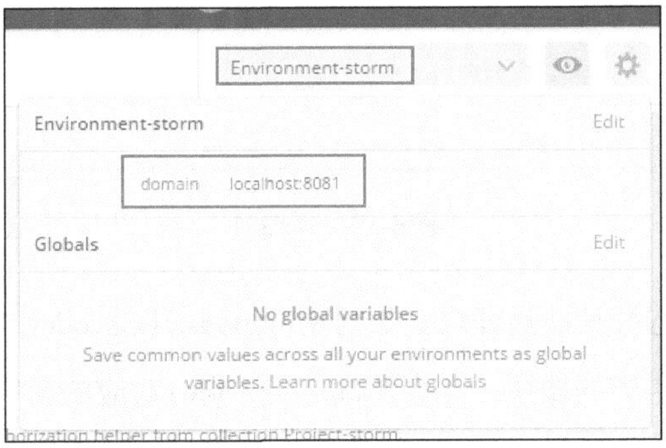

图8-8　使用环境变量

因此，接口请求的URL地址可以变更为图8-9所示。

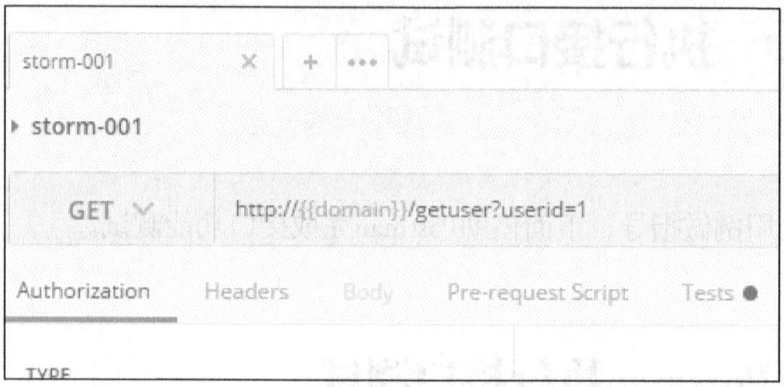

图8-9　接口请求的URL地址变更

接下来，在Tests中构造测试点，这里选择验证Response响应和预期值一致，如图8-10所示。

图8-10　Tests-1

当然，也可以选择其他验证点，如判断Response中的code值等于200（验证响应体相等并不是一个明智的做法，因为不同环境，id=1对应的用户不同，响应体自然也会不同），如图8-11所示。

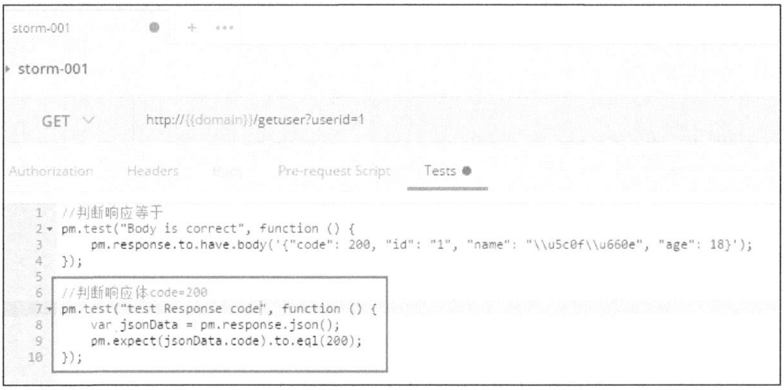

图8-11 Tests-2

单击Send按钮，发送接口请求，查看测试结果，如图8-12所示。

图8-12 测试结果

这里设置的2个测试结果都为PASS，该测试用例执行通过。

2. 测试用例：storm-002

通过Postman构造接口请求及测试点（期待响应返回提示"没有这个用户"），如图8-13所示。

当useid不存在时，接口响应提示"没有这个用户"，测试结果为PASS，该测试用例执行通过。

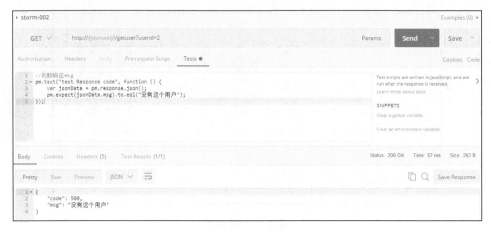

图8-13　storm-002

3．测试用例：storm-003

通过Postman构造接口请求及测试点（不传递参数，接口响应提示"没有这个用户"），如图8-14所示。

图8-14　storm-003

发送接口请求后,没有发送必需参数userid,却返回了用户信息,该测试结果为FAIL,该测试用例执行不通过。

4. 测试用例:storm-004

通过Postman构造请求及测试点(userid非法传递参数,期待返回"没有这个用户"),如图8-15所示。

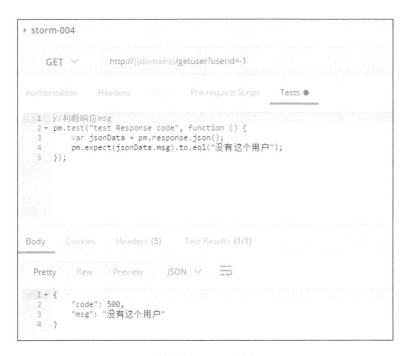

图8-15 storm-004

测试结果为PASS,该测试用例执行通过。

5. 测试用例:storm-005

通过Postman构造请求及测试点(userid非法参数,返回"没有这个用户"),如图8-16所示。

该接口没有正确处理异常参数,测试结果为FAIL,测试用例执行不通过。

图8-16 storm-005

6. 测试用例：storm-006

通过Postman构造POST请求（接口文档声明该接口支持GET和POST方法），如图8-17所示。

图8-17 storm-006

构造测试点，如图8-18所示。

项目接口测试实战

图8-18　storm-006测试点

该测试结果为PASS，测试用例执行通过。

7. 测试用例：storm-007

通过Postman构造POST请求（所传递参数userid为不存在ID），如图8-19所示。

图8-19　storm-007

构造测试点，如图8-20所示。

图8-20　storm-007测试点

测试结果为PASS,测试用例执行通过。

8. 测试用例：storm-008

通过Postman构造POST请求，不传递参数，如图8-21所示。

图8-21　storm-008

构造验证点，如图8-22所示。

项目接口测试实战

图8-22　storm-008测试点

该测试结果为FAIL，测试用例执行不通过。

9. 测试用例：storm-009

通过Postman构造POST请求（userid=-1，非法传递参数），如图8-23所示。

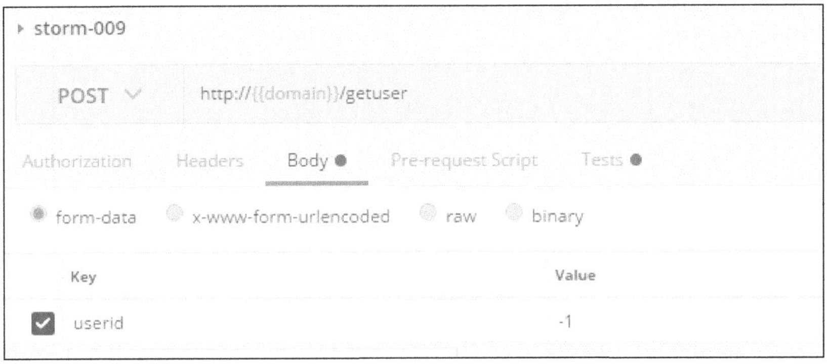

图8-23　storm-009

构造测试点，如图8-24所示。

图8-24　storm009测试点

测试结果为PASS,测试用例执行通过。

10．测试用例：storm-010

通过Postman构造请求,userid=amdin,为非法传递参数,如图8-25所示。

图8-25　storm-010

构造测试点如图8-26所示。

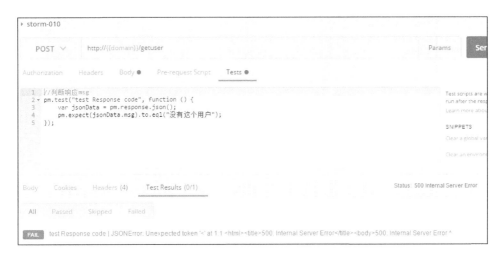

图8-26 storm-010测试点

测试结果为FAIL,该测试用例执行不通过。

11. 测试用例:storm-011

通过Postman构造请求,正常传递参数,如图8-27所示。

图8-27 storm-011

构造测试点,如图8-28所示。

测试结果为PASS,测试用例执行通过。

```
▶ storm-011

POST ∨    http://{{domain}}/getuser

Authorization   Headers   Body ●   Pre-request Script   Tests ●

1  //判断响应msg
2  pm.test("test Response code", function () {
3      var jsonData = pm.response.json();
4      pm.expect(jsonData.msg).to.eql("没有这个用户");
5  });


Body   Cookies   Headers (4)   Test Results (1/1)

All   Passed   Skipped   Failed

PASS   test Response code
```

图8-28   storm-011测试点

12. 测试用例：storm-012

通过Postman构造请求，如图8-29所示。

```
▶ storm-012

GET ∨    http://{{domain}}/getuser2?userid=1

Authorization   Headers (1)   Body   Pre-request Script   Tests ●

    Key                                    Value
☰ ☑ Content-Type                           application/json
    New key                                Value

Response
```

图8-29   storm-012

构造测试点，如图8-30所示。

项目接口测试实战 **279**

```
▸ storm-012

GET ∨    http://{{domain}}/getuser2?userid=1

Authorization  Headers (1)  Body  Pre-request Script  Tests ●

1  //判断响应体code=200
2  pm.test("test Response code", function () {
3      var jsonData = pm.response.json();
4      pm.expect(jsonData.code).to.eql(200);
5  });

Body  Cookies  Headers (5)  Test Results (1/1)

All  Passed  Skipped  Failed

PASS  test Response code
```

图8-30　storm-012测试点

测试结果为PASS，测试用例执行通过。

13．测试用例：storm-013

通过Postman构造请求，如图8-31所示。

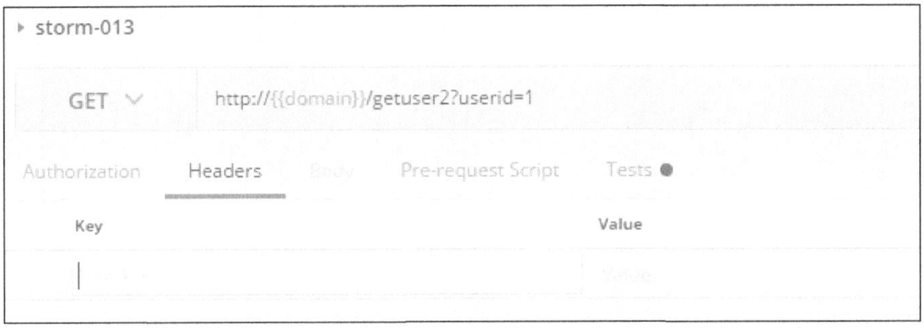

```
▸ storm-013

GET ∨    http://{{domain}}/getuser2?userid=1

Authorization  Headers  Body  Pre-request Script  Tests ●

Key                                    Value
```

图8-31　storm-013

构造验证点，如图8-32所示。

```
▶ storm-013

GET ∨   http://{{domain}}/getuser2?userid=1

Authorization  Headers  Body  Pre-request Script  Tests ●

1  //判断响应msg
2  pm.test("test Response code", function () {
3      var jsonData = pm.response.json();
4      pm.expect(jsonData.msg).to.eql("请设置Content-Type为application/json");
5  });

Body  Cookies  Headers (5)  Test Results (1/1)

All  Passed  Skipped  Failed

PASS  test Response code
```

图8-32　storm-013测试点

测试结果为PASS，该测试用例通过。

14．测试用例：storm-014

通过Postman构造请求，如图8-33所示。

```
▶ storm-014

GET ∨   http://{{domain}}/getuser2?userid=1

Authorization  Headers (1)  Body  Pre-request Script  Tests ●

Key                         Value
☑ Content-Type              application/json123
  New key                   Value
```

图8-33　storm-014

构造测试点，如图8-34所示。

Chapter 8
项目接口测试实战

```
▶ storm-014

GET ∨    http://{{domain}}/getuser2?userid=1

Authorization   Headers (1)   Body   Pre-request Script   Tests ●

1   //判断响应msg
2▾  pm.test("test Response code", function () {
3       var jsonData = pm.response.json();
4       pm.expect(jsonData.msg).to.eql("请设置Content-Type为application/json");
5   });

Body   Cookies   Headers (5)   Test Results (1/1)

All   Passed   Skipped   Failed

PASS  test Response code
```

图8-34 storm-014测试点

测试结果为PASS，测试用例通过。

15．测试用例：storm-015

通过Postman构造请求，如图8-35所示。

```
▶ storm-015

GET ∨    http://{{domain}}/getuser2

Authorization   Headers (1)   Body   Pre-request Script   Tests ●

    Key                              Value
☑   Content-Type                     application/json
```

图8-35 storm-015

构造测试点，如图8-36所示。

```
▶ storm-015

GET ∨    http://{{domain}}/getuser2

Authorization   Headers (1)   Body   Pre-request Script   Tests ●

1  //判断响应msg
2  pm.test("test Response code", function () {
3      var jsonData = pm.response.json();
4      pm.expect(jsonData.msg).to.eql("没有这个用户");
5  });

Body   Cookies   Headers (5)   Test Results (0/1)

All   Passed   Skipped   Failed

FAIL  test Response code | AssertionError: expected undefined to deeply equal '没有这个用户'
```

图8-36　storm-015测试点

不发送userid，却返回用户信息，测试结果为FAIL，该测试用例不通过。

16. 测试用例：storm-016

通过Postman构造请求，如图8-37所示。

```
▶ storm-016

GET ∨    http://{{domain}}/getuser2?userid=2

Authorization   Headers (1)   Body   Pre-request Script   Tests ●

Key                          Value
☑ Content-Type              application/json
```

图8-37　storm-016

构造测试点，如图8-38所示。

Chapter 8 项目接口测试实战

图8-38　storm-016测试点

测试结果为PASS，该测试用例执行通过。

17．测试用例：storm-017

通过Postman构造请求，如图8-39所示。

图8-39　storm-017

构造测试点，如图8-40所示。

图8-40　storm-017测试点

测试结果为PASS，该测试用例执行通过。

18．测试用例：storm-018

通过Postman构造请求，如图8-41所示。

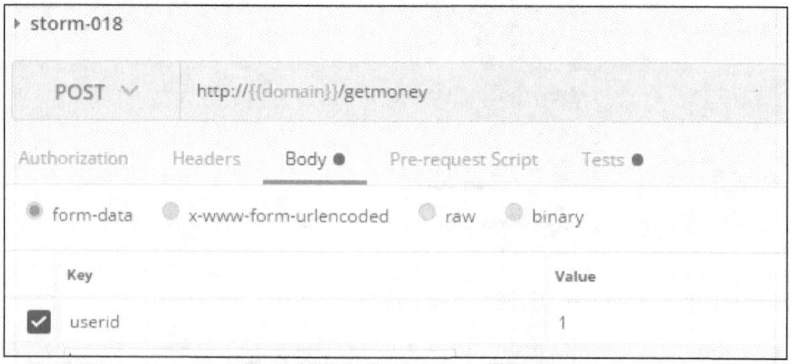

图8-41　storm-018

构造测试点，如图8-42所示。

项目接口测试实战

图8-42所示为storm-018测试点的Postman界面截图。

图8-42　storm-018测试点

测试结果为PASS，该测试用例执行通过。

19．测试用例：storm-019

通过Postman构造请求，如图8-43所示。

图8-43　storm-019

构造测试点，如图8-44所示。

图8-44　storm-019测试点

测试结果为PASS，该测试用例执行通过。

20．测试用例：storm-020

通过Postman构造请求，如图8-45所示。

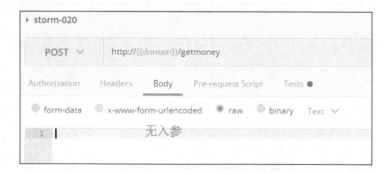

图8-45　storm-020

构造测试点，如图8-46所示。

Chapter 8
项目接口测试实战

图8-46　storm-020测试点

测试结果为PASS，该测试用例执行通过。

21．测试用例：storm-021

通过Postman构造请求，如图8-47所示。

图8-47　storm-021

构造测试点，如图8-48所示。

测试结果为PASS，该测试用例执行通过。

图8-48 Storm-021测试点

22. 测试用例：storm-022

通过Postman构造请求，如图8-49所示。

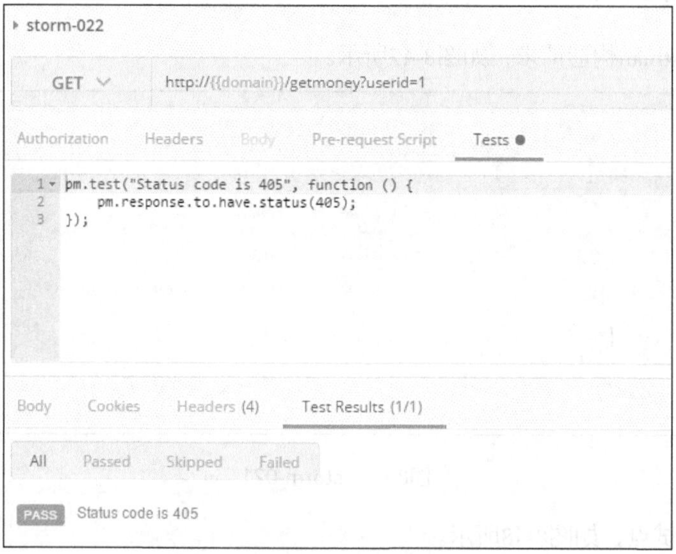

图8-49 storm-022

该接口不支持GET请求，Response code=405，测试结果为PASS，该测试用例执行通过。

23．测试用例：storm-023

通过Postman构造请求，如图8-50和图8-51所示。

图8-50　storm-023-Authorization

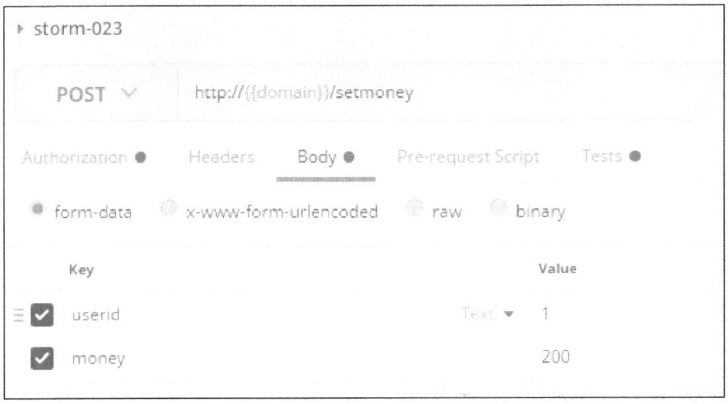

图8-51　storm-023-Body

构造测试点，如图8-52所示。

测试结果为PASS，该测试用例执行通过。

24．测试用例：storm-024

通过Postman构造请求，如图8-53和图8-54所示。

图8-52　storm-023测试点

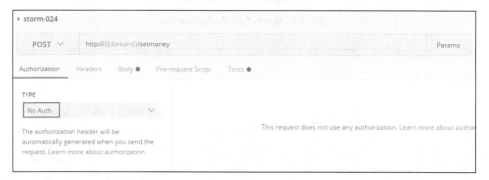

图8-53　storm-024-Authorization

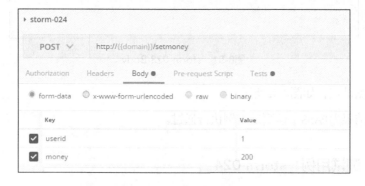

图8-54　storm-024-Body

构造测试点,如图8-55所示。

图8-55　storm-024测试点

测试结果为PASS,该测试用例执行通过。

25．测试用例:storm-025

通过Postman构造请求,如图8-56和图8-57所示。

图8-56　storm-025-Authorization

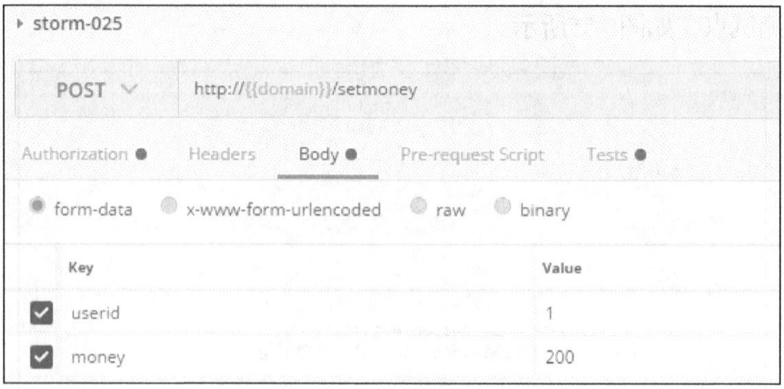

图8-57　storm-025-Body

构造测试点，如图8-58所示。

图8-58　storm-025测试点

测试结果为PASS，该测试用例执行通过。

26．测试用例：storm-026

通过Postman构造请求，如图8-59和图8-60所示。

构造测试点，如图8-61所示。

Chapter 8 项目接口测试实战

图8-59　storm-026-Authorization

图8-60　storm-026-Body

图8-61　storm-026测试点

测试结果为PASS，该测试用例执行通过。

27．测试用例：storm-027

通过Postman构造请求，如图8-62和图8-63所示。

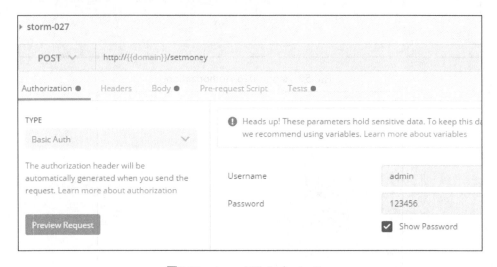

图8-62　storm-027-Authorization

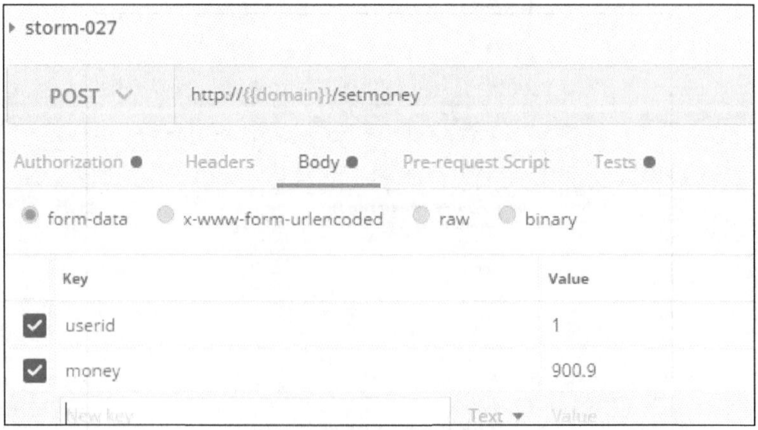

图8-63　storm-027-Body

构造测试点，如图8-64所示。

Chapter 8 项目接口测试实战

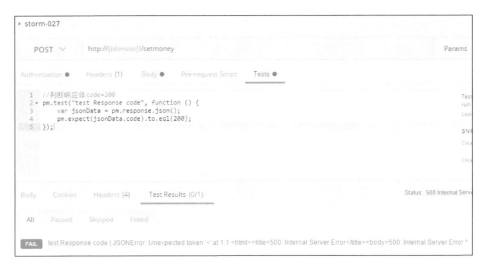

图8-64　storm-027测试点

当设置金额为小数时，报错，处理异常，测试结果为FAIL，该测试用例不通过。

28．测试用例：storm-028

通过Postman构造请求，如图8-65所示。

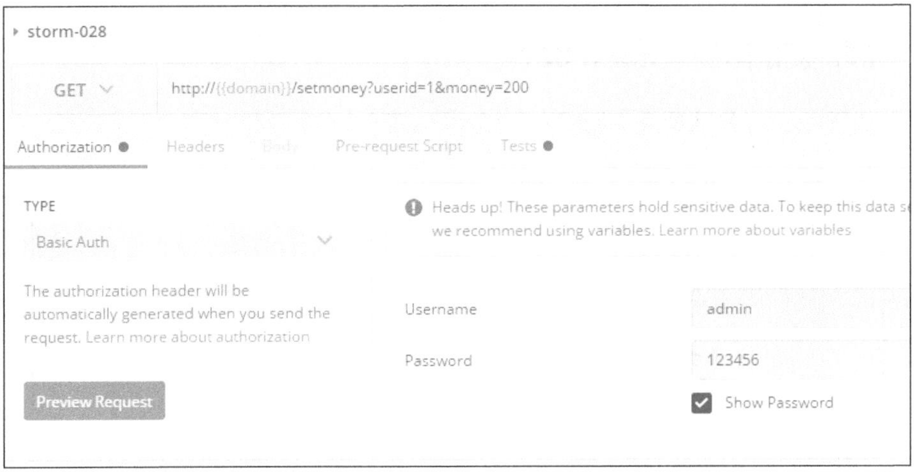

图8-65　storm-028

构造测试点，如图8-66所示。

```
▸ storm-028

GET ∨    http://{{domain}}/setmoney?userid=1&money=200

Authorization    Headers (1)    Body    Pre-request Script    Tests ●

1  pm.test("Status code is 405", function () {
2      pm.response.to.have.status(405);
3  });

Body    Cookies    Headers (4)    Test Results (1/1)

All    Passed    Skipped    Failed

PASS  Status code is 405
```

图8-66 storm-028测试点

该接口不支持GET请求，测试结果为PASS。

29. 测试用例：storm-029

通过Postman构造请求，如图8-67和图8-68所示。

```
▸ storm-029

POST ∨    http://{{domain}}/setmoney2

Authorization    Headers (1)    Body ●    Pre-request Script    Tests ●

Key                                                Value
☑  Cookie                                          token=token12345
   New key                                         Value
```

图8-67 storm-029-Headers

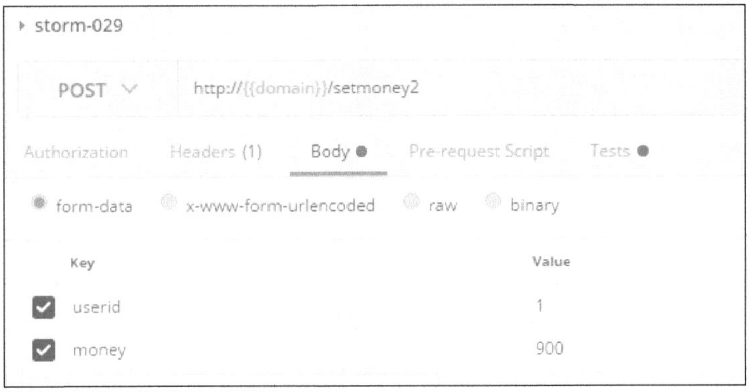

图8-68 storm-029-Body

构造测试点，如图8-69所示。

图8-69 storm-029测试点

测试结果为PASS，该测试用例执行通过。

30. 测试用例：storm-030

通过Postman构造请求，如图8-70和图8-71所示。

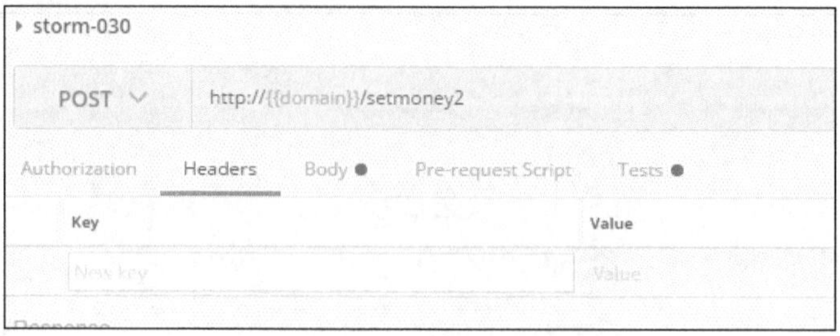

图8-70　storm-030-Headers

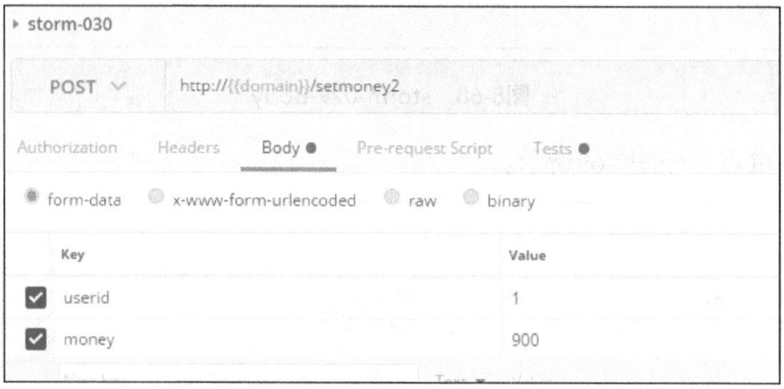

图8-71　storm-030-Body

构造测试点，如图8-72所示。

图8-72　storm-030测试点

不传Cookies，接口认证失败，测试结果为PASS。

31．测试用例：storm-031

通过Postman构造请求，如图8-73和图8-74所示。

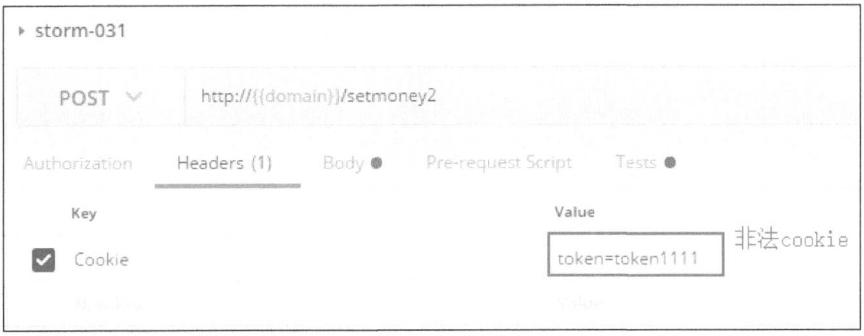

图8-73　storm-031-Headers

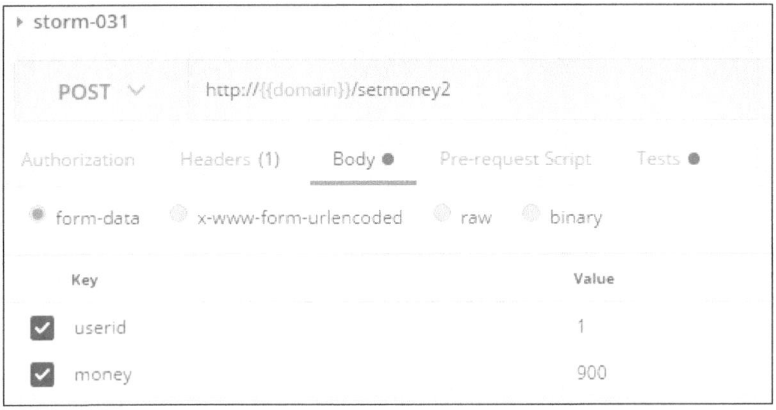

图8-74　storm-031-Body

构造测试点，如图8-75所示。

测试结果为PASS。

32．测试用例：storm-032

通过Postman构造请求，如图8-76和图8-77所示。

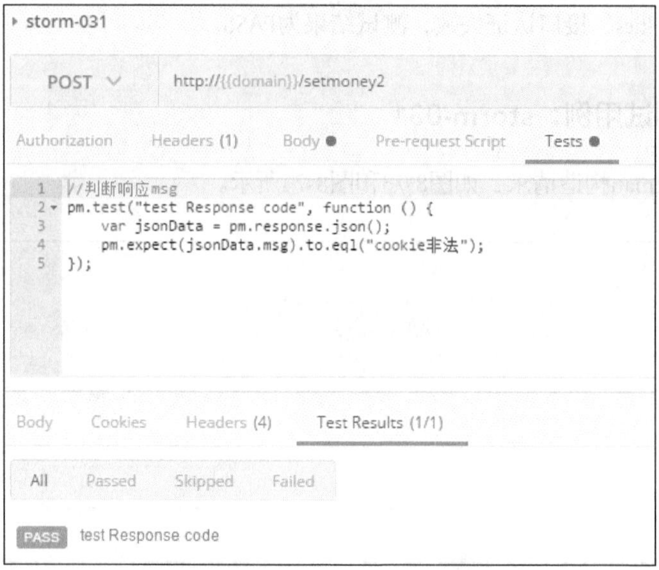

```
storm-031
POST   http://{{domain}}/setmoney2
Authorization  Headers (1)  Body  Pre-request Script  Tests
1  //判断响应msg
2  pm.test("test Response code", function () {
3      var jsonData = pm.response.json();
4      pm.expect(jsonData.msg).to.eql("cookie非法");
5  });
```

图8-75　storm-031测试点

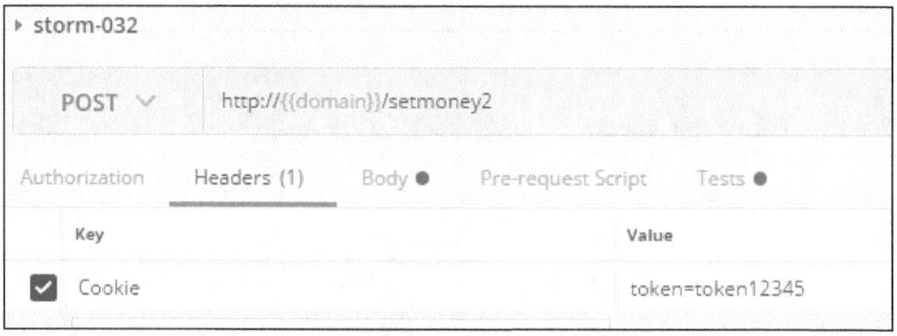

图8-76　storm-032-Headers

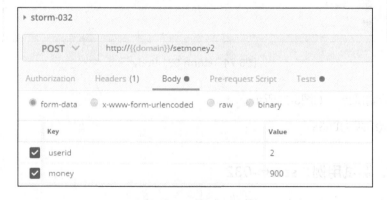

图8-77　storm-032-Body

构造测试点，如图8-78所示。

图8-78　storm-032测试点

测试结果为PASS。

33．测试用例：storm-033

通过Postman构造请求，如图8-79和图8-80所示。

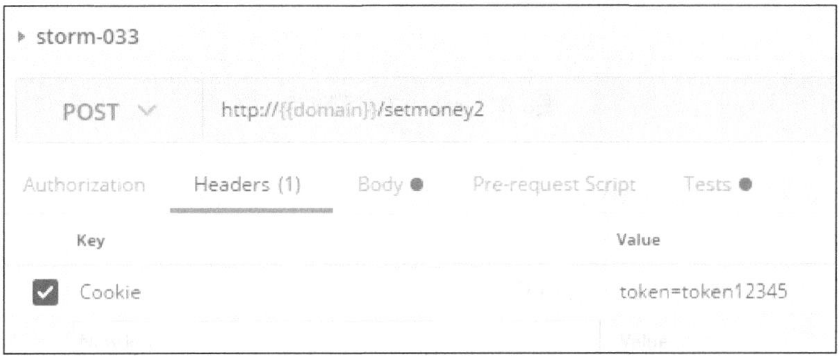

图8-79　storm-033-Headers

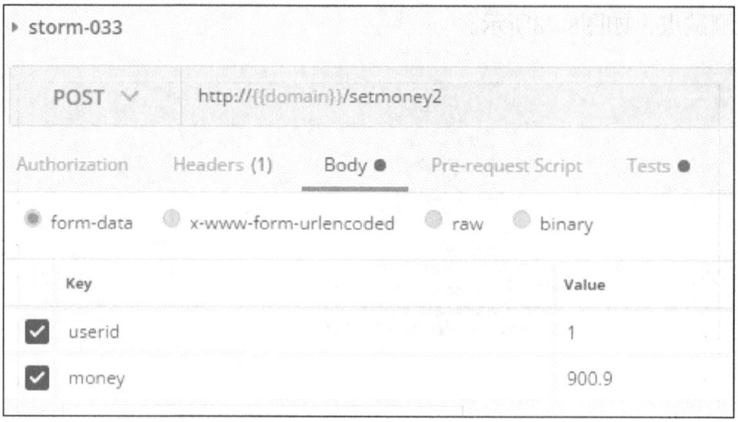

图8-80 storm-033-Body

构造测试点，如图8-81所示。

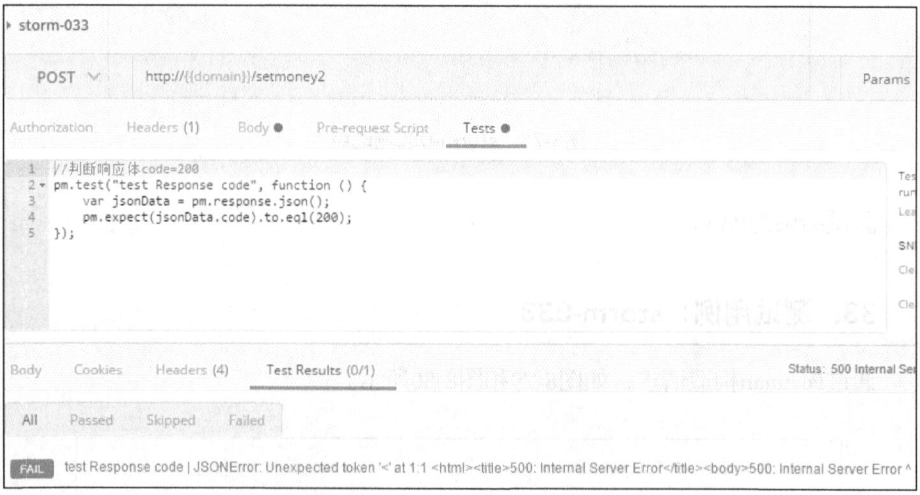

图8-81 storm-033测试点

测试失败，结果为FAIL。

34．测试用例：storm-034

通过Postman构造请求，如图8-82所示。

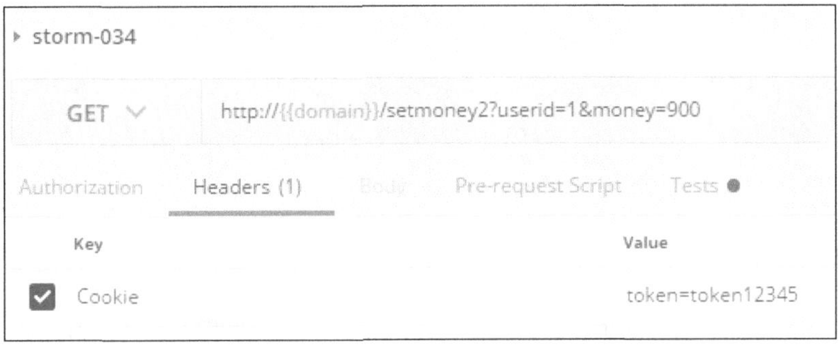

图8-82　storm-034

构造测试点，如图8-83所示。

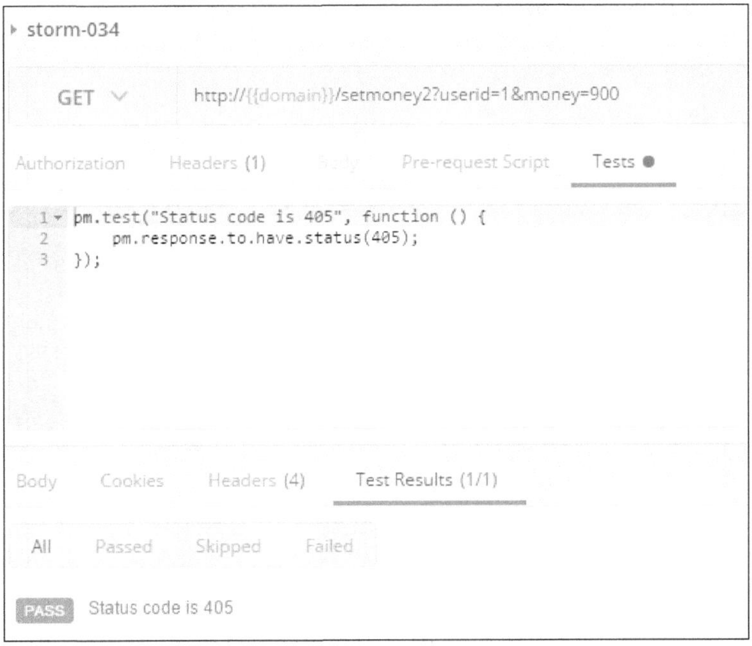

图8-83　storm-034测试点

测试结果为PASS。

35．测试用例：storm-035

通过Postman构造请求，如图8-84所示。

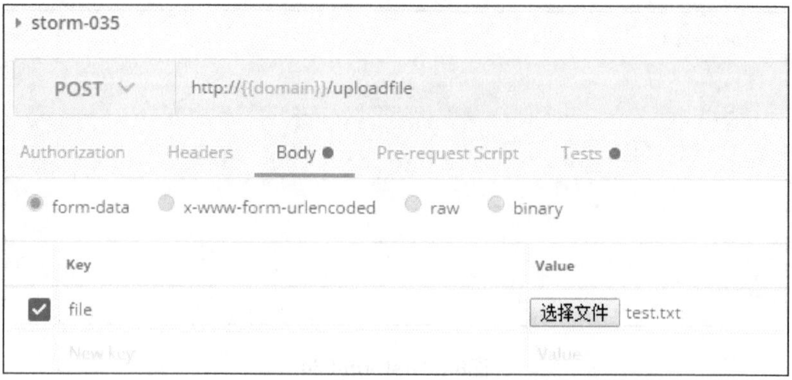

图8-84　storm-035

构造测试点，如图8-85所示。

图8-85　storm-035测试点

测试结果为PASS。

注意脚本启动目录是否有上传文件权限，如果没有的话会出现上传失败的情况。

下面运行集合Project-storm（包含上述35个接口请求），如图8-86所示。

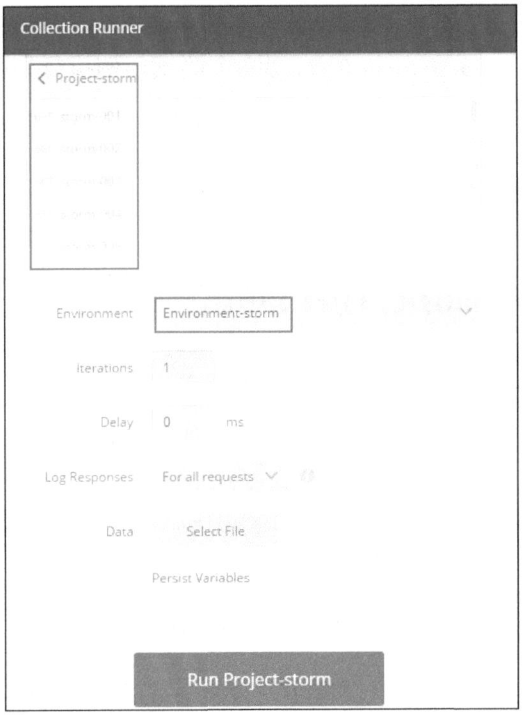

项目接口测试实战

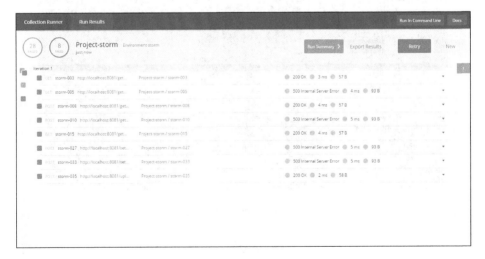

图8-86　运行集合

查看运行结果，如图8-87所示。

图8-87　集合运行结果

接口自动化测试持续集成
——Postman+Newman+Git+Jenkins+钉钉

其中测试用例storm-003、storm-005、storm-008、storm-010、storm-015、storm-027、storm-033、storm-035，共8个测试用例执行失败（和我们手动执行接口测试结果一致），storm-035是由于上传文件不能保存导致的，我们暂时忽略。

8.3.2 从Newman执行接口测试

为了可以通过Newman命令行执行接口测试，需要将前面的集合和环境变量保存到本地。导出集合和环境变量的JSON文件，如图8-88所示。

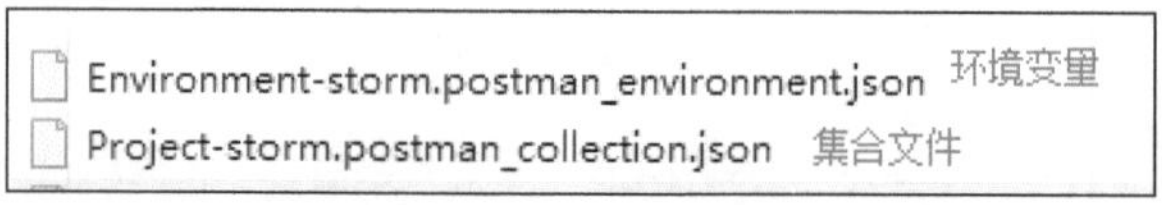

图8-88 JSON文件

按"⊞ + R"组合键，输入"cmd"，按"Enter"键，打开"命令提示符"窗口，输入Newman命令运行集合，测试结果如图8-89～图8-91所示。

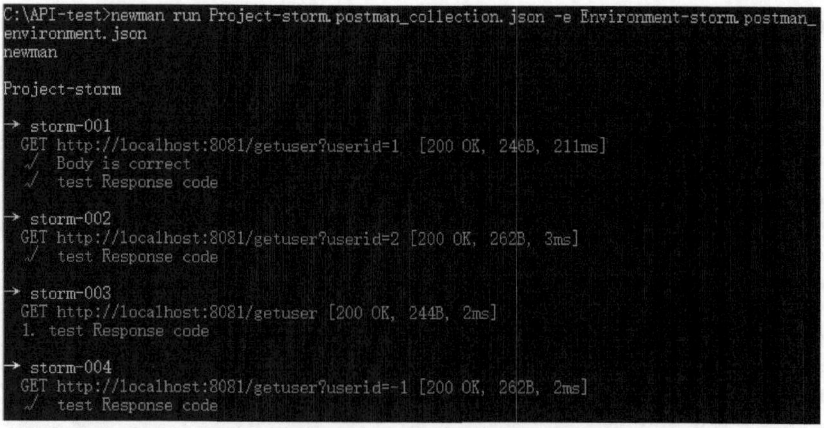

图8-89 Newman执行结果（一）

可以看到通过Newman命令行运行集合的测试结果和Postman Runner的运行结果一致。

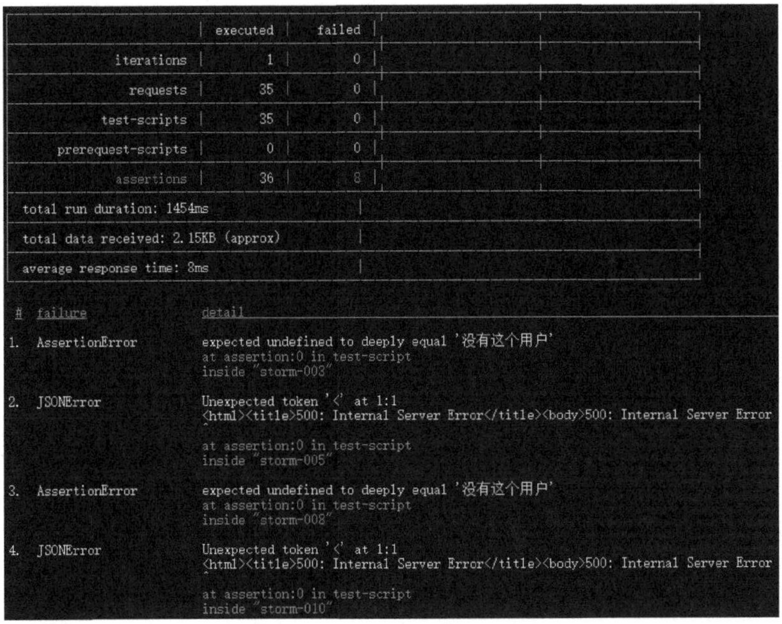

图8-90　Newman执行结果（二）

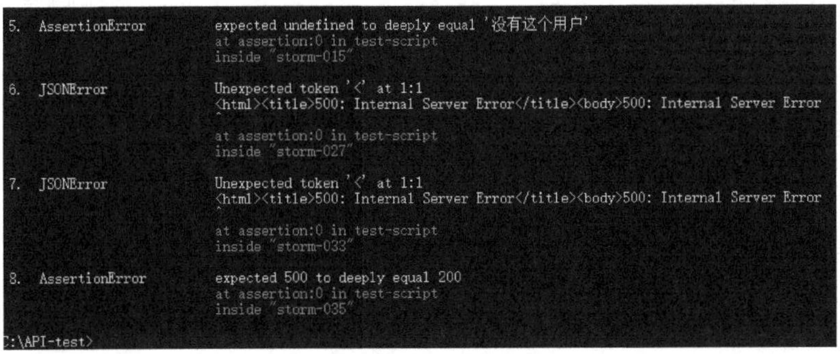

图8-91　Newman执行结果（三）

8.4 接口自动化测试持续集成实战

接下来，借助GitHub、Jenkins等工具演示接口自动化测试持续集成的过程。

8.4.1 通过GitHub维护测试文件

测试期间，将Postman导出的文件保存到本地Git仓库目录，然后将文件推送到远程GitHub仓库。本书的环境变量文件有更新。使用下面的命令，将其推送到GitHub。

```
$ git status    #查看状态
On branch master
Your branch is up-to-date with 'origin/master'.
Changes not staged for commit:
  (use "git add <file>..." to update what will be committed)
  (use "git checkout -- <file>..." to discard changes in working directory)

        modified:   Environment-storm.postman_environment.JSON

no changes added to commit (use "git add" and/or "git commit -a")

admin@LAPTOP-VFR42H91 MINGW64 /c/API-test (master)
$ git add Environment-storm.postman_environment.JSON    #添加到暂存区

admin@LAPTOP-VFR42H91 MINGW64 /c/API-test (master)
$ git status
On branch master
Your branch is up-to-date with 'origin/master'.
Changes to be committed:
  (use "git reset HEAD <file>..." to unstage)

        modified:   Environment-storm.postman_environment.JSON


admin@LAPTOP-VFR42H91 MINGW64 /c/API-test (master)
$ git commit -m "update Environment"    #提交到本地库
[master 31c5830] update Environment
 1 file changed, 1 insertion(+), 1 deletion(-)

admin@LAPTOP-VFR42H91 MINGW64 /c/API-test (master)
$ git status
```

```
On branch master
Your branch is ahead of 'origin/master' by 1 commit.
  (use "git push" to publish your local commits)
nothing to commit, working directory clean

admin@LAPTOP-VFR42H91 MINGW64 /c/API-test (master)
$ git push      #同步到GitHub
Counting objects: 3, done.
Delta compression using up to 4 threads.
Compressing objects: 100% (3/3), done.
Writing objects: 100% (3/3), 290 bytes | 0 bytes/s, done.
Total 3 (delta 2), reused 0 (delta 0)
remote: Resolving deltas: 100% (2/2), completed with 2 local objects.
To https://github.com/StormPuck/API-test.git
   817ebcc..31c5830  master -> master

admin@LAPTOP-VFR42H91 MINGW64 /c/API-test (master)
$
```

8.4.2 配置Jenkins自动化测试任务

1. 配置构建任务

创建Jenkins构建任务，如图8-92所示。

图8-92　Jenkins构建

2. 配置构建后操作

① 添加邮件提醒，如图8-93所示。

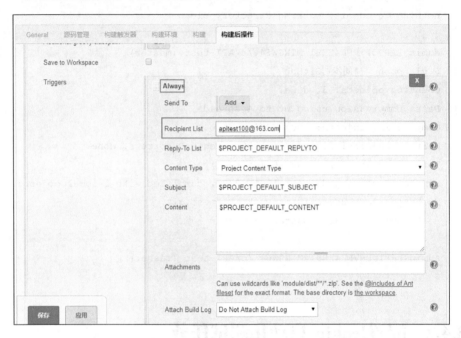

图8-93 邮件提醒

② 添加钉钉提醒，如图8-94所示。

图8-94 钉钉提醒

3. 执行一次构建

手动执行一次构建，观察构建结果，如图8-95所示。

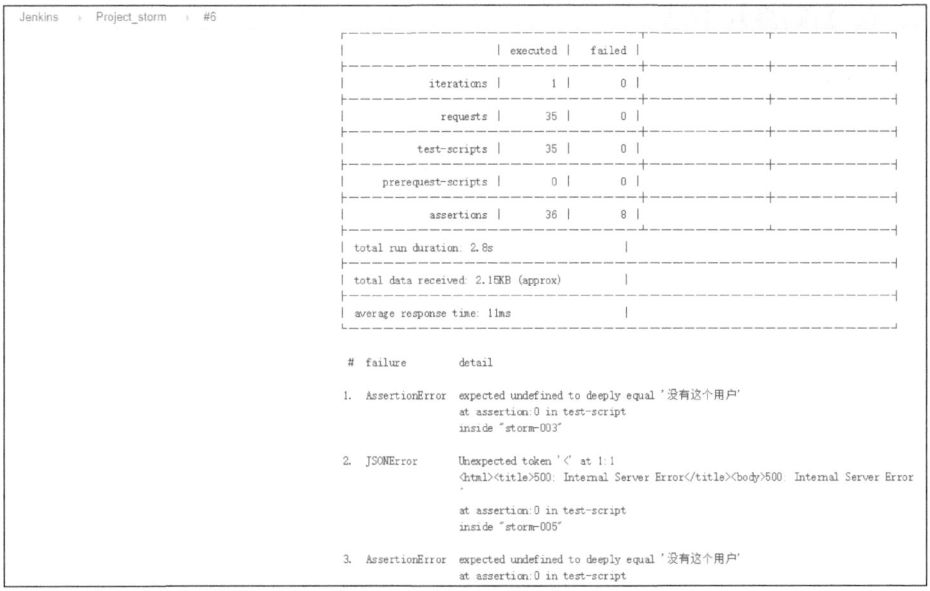

```
Jenkins  ›  Project_storm  ›  #6

                              | executed | failed |
                   iterations |    1     |   0    |
                     requests |   35     |   0    |
                 test-scripts |   35     |   0    |
             prerequest-scripts|   0     |   0    |
                   assertions |   36     |   8    |

   total run duration: 2.8s
   total data received: 2.15KB (approx)
   average response time: 11ms

   # failure      detail

   1. AssertionError  expected undefined to deeply equal '没有这个用户'
                      at assertion:0 in test-script
                      inside "storm-003"

   2. JSONError      Unexpected token '<' at 1:1
                     <html><title>500: Internal Server Error</title><body>500: Internal Server Error
                     at assertion:0 in test-script
                     inside "storm-005"

   3. AssertionError  expected undefined to deeply equal '没有这个用户'
                      at assertion:0 in test-script
```

图8-95　构建结果

该构建结果和本地Newman命令运行结果一致。

8.4.3　接收自动化测试结果

1．接收邮件

查看邮件提醒，如图8-96所示。

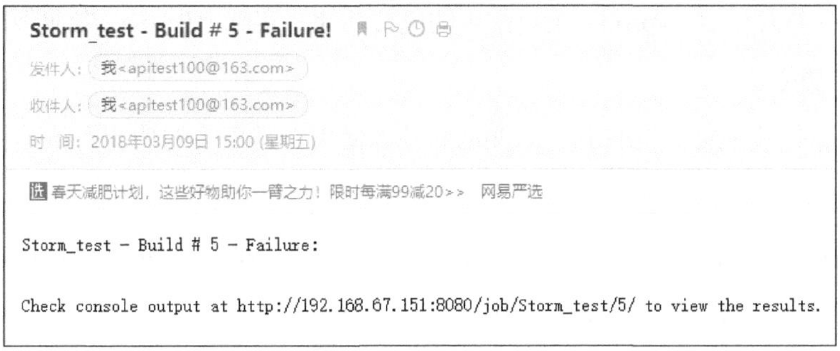

```
Storm_test - Build # 5 - Failure!
发件人： 我<apitest100@163.com>
收件人： 我<apitest100@163.com>
时  间： 2018年03月09日 15:00 (星期五)

Storm_test - Build # 5 - Failure:
Check console output at http://192.168.67.151:8080/job/Storm_test/5/ to view the results.
```

图8-96　邮件内容

2. 钉钉通知消息

查看接收到的钉钉消息，如图8-97所示。

图8-97　钉钉提醒

本书总结

① 本书只是演示了如何借助Postman工具对HTTP接口进行功能测试，但更重要的其实是制定接口的测试策略。而如何有效、全面地对接口进行测试需要读者在实际项目中慢慢体会。

② 本书只介绍了Postman工具常用的免费功能，实际上Postman专业版还有许多更强大的功能。

③ 本书只介绍了GitHub、Jenkins的基础使用，其更多的功能有待读者自行深入研究。

④ 使用Postman工具或以Java、Python等语言编写的框架来进行接口自动化测试各有优缺点，需要读者在实际项目中去体会、领悟。

⑤ 如果读者想参加测试培训，推荐BestTest方面的培训。